悦读文库

不要因为没有阳光，便拒绝走进春天

赵盛基 著

江西教育出版社
JIANGXI EDUCATION PUBLISHING HOUSE

图书在版编目（CIP）数据

不要因为没有阳光，便拒绝走进春天 / 赵盛基著
. -- 南昌 : 江西教育出版社 , 2017.6
（悦读文库）
ISBN 978-7-5392-9475-9

Ⅰ. ①不… Ⅱ. ①赵… Ⅲ. ①人生哲学－青少年读物
Ⅳ. ① B821-49

中国版本图书馆 CIP 数据核字（2017）第 092523 号

不要因为没有阳光，便拒绝走进春天
BUYAO YINWEI MEIYOU YANGGUANG BIAN JUJUE ZOUJIN CHUNTIAN
赵盛基 著

江西教育出版社出版
（南昌市抚河北路 291 号 邮编：330008）
各地新华书店经销
江西新华印刷集团有限公司印刷
787mm×1092mm 16 开本 13 印张 字数 180 千字
2017 年 10 月第 1 版 2017 年 10 月第 1 次印刷
ISBN 978-7-5392-9475-9
定价：26.00 元

赣教版图书如有印制质量问题，请向我社调换 电话：0791-86710427
投稿邮箱：JXJYCBS@163.com 电话：0791-86705643
网址：http://www.jxeph.com

赣版权登字 -02-2017-511

前言

2009年12月，我出版了哲理美文集《草与金》，受到了读者朋友的喜爱，并有书评人为其撰文《“草”生活里的“金”智慧》（陈黎黎）、《赵盛基：故事里的智慧人生》（李光贞）等。之后，又有图书出版策划人与我联系，商量让我把近几年的文章再汇集出版一本新书，我婉言谢绝了。因为对我来说，写文章就像打牌下棋一样，纯粹是为了消遣，我并未打算将写书当成一个职业，也没有继续出书的打算。

但是，前些时候有浙江杭州和山东日照的两位读者——两位孩子母亲打来电话说，她们上中学的孩子非常喜欢《草与金》，把有些文章当成了范文，这些文章对孩子的写作帮助非常大，周围的孩子都借着看，希望我能再帮她们购买一些。

没想到，一本在朋友再三鼓动下才汇集出版的文集竟然得到了读者朋友的如此厚爱，本不打算再出书的我要悔约了。因此，闲暇之余，我从近年来发表的文章中选择一些具有代表性的，集结成本书出版，以飨读者。所选文章绝大多数都被文摘类杂志、报纸转载过，或被各种书籍选本选用过，其中很多精彩文章被《读者》《青年文摘》《格言》《意林》《特别关注》《爱你》《杂文选刊》《青年博览》《意林·少年版》《意林 12⁺》《意林·作文素材》《少年文摘》《新小读者》《作文与考试》等刊物转载，许多文章转载次数不下几十次。

本书秉承短小精悍的原则，坚持从故事中挖掘精髓的写法，力求画龙点睛，引人入胜，从小故事中悟出大道理，从小视角中发现大境界，从小文章中生出大智慧。书中文章并非篇篇珠玑，却融故事性、趣味性、知识性、哲理性于一体，试图给人启迪，引发感悟，让人思索。本书作为中小学生的写作素材和学习范本，对提高他们的写作能力和技巧十分有益；当然，作为成年人的枕边书也非常可取。

目录

第三辑
爬到山顶去赏花

第四辑 开给世界看的花

第五辑 烤地瓜上插朵花

第六辑
墙角多了一盆花

第一辑

有生命的石头会开花

生石花，
大都是从砾石的缝隙里长出来的，
形状、大小、颜色和花纹几乎与周围的砾石一模一样，
如果不仔细辨认，还认为是鹅卵石呢。

看似与砾石无异，
其实完全不同，
因为砾石没有生命，
而生石花是有生命的。

所以，
人们称其为“有生命的石头”。
之所以有生命，是因为有智慧。

蛰伏为王

有蜂群必有蜂王，在一个蜂群中，负责采蜜的工蜂无数，但蜂王是独一无二的，决不允许出现第二个。即便出现，强者必将杀死弱者。

蜂王的任务只有一个，即繁衍后代，壮大蜂群。没有蜂王，也就没有蜂群的存在。所以，蜂王的待遇是至高无上的，所有的工蜂都是它的子民，除了采蜜之外，时刻围绕在它的周围，像侍者一样给它提供食物，清除垃圾，照应它的一切需求。

然而，再强大的蜂王也有老去的一天，它的寿命也就 3 到 5 年。由于老迈的蜂王生殖率逐渐下降，养蜂人就要将它淘汰，更换更强大的蜂王。

更换蜂王可不那么简单，必须要过蜂群这一关。虽然那些工蜂对蜂王俯首帖耳，但一个新蜂王的到来它们却不欢迎，它们会群起而攻之。新蜂王仗着自己强势的地位和强健的体魄，根本没把那些工蜂放在眼里，横冲直撞，拼命厮杀。然而，终归寡不敌众，虽然剿灭了不少工蜂，但新蜂王十有八九也被蜂群诛杀。

怎么办？养蜂人想了一个办法。

在将新蜂王放入蜂群之前，养蜂人先将它置入水中浸湿，然后再放进蜂群。由于全身都沾满了水，所以蜂王行动缓慢，甚至一动不动，丝毫没有攻击的能力。工蜂也很奇怪，它们都有怜悯同类、同情弱者的天性，只见它们争先恐后地舔食蜂王身上的水分。舔干之后，蜂王和蜂群就气味相投了。不费吹灰之力，它就成了所有工蜂拥戴的蜂王。

气势汹汹的杀戮，没有让蜂群臣服，反而搭上了自己的性命；不声不响的蛰伏，不但赢得了蜂群，还被蜂群拥戴为王。

日常生活也是这样，润物无声胜于电闪雷鸣。

温柔地吃掉你

萤火虫吃掉蜗牛的过程值得玩味。

萤火虫的身长只有 0.8 厘米左右，相比之下，蜗牛可以说是“庞然大物”了。况且，蜗牛具有坚硬的外壳，一旦遭到攻击或受到惊吓，就会把肉身缩进壳里，任凭萤火虫有天大的本事也无可奈何。

那么，萤火虫是怎样吃掉蜗牛的呢？

树梢上的萤火虫发现了一只在地上缓慢爬行的蜗牛，为了避免蜗牛受到惊吓，它没有猛扑向蜗牛，而是漫不经心地落下来，慢慢地向蜗牛靠近。蜗牛看到一只小小的昆虫慢吞吞地来到面前，并没放在眼里，肉身自然没缩回壳里，还接受了萤火虫的“亲热”呢。萤火虫轻轻地“亲吻”着蜗牛软乎乎的肉身，很快，蜗牛就不动了。

原来，在温柔的“亲吻”过程中，萤火虫已经把自己体内的麻醉液悄悄地注入了蜗牛的体内，将蜗牛麻醉了。

当蜗牛失去知觉之后，这只萤火虫发出信号，邀来同伴，围在一起，共同享用这顿蜗牛大餐。

任何风吹草动都会让蜗牛警觉，温柔却让它丧失了警惕，以致在不知不觉中把性命丢在了“温柔之乡”。

向日生长，向东成熟

在向日葵的生长周期里，它的上半生和下半生表现出截然不同的特点——上半生，葵花朵朵向太阳；下半生，朵朵葵花向东方。

有人会问，向日葵不是永远朝着太阳的吗？这话也对也不对，对在，你只说对了它的上半生；错在，你没说对它的下半生。

向日葵的上半生，指的是从发芽到花盘盛开之前这段时间。这个时期，向日葵是一直追随着太阳、向着太阳的方向生长的。为什么会这样呢？这是因为它的背面有一种惧怕阳光的生长素。这种生长素若是长时间暴露在阳光下会遭到破坏，进而影响到向日葵的生长。所以，向日葵只能不断地调整自己的方向，总是面向太阳，让背面躲避阳光。

当形状酷似太阳的向日葵花盘完全绽开之时，也标志着向日葵正式渡过了生长期，进入了成熟期，即进入了它的下半生。在这个时期，之前承担着重要任务的生长素开始退出舞台，而促进结籽的花粉则正式出场了。

但是，这种促进结籽的花粉也有一个特点——它们很怕高温，强烈的日光会把它们灼伤。为此，向日葵也就自动选择了固定朝东的方向。

朝向东方，可以避免中午阳光的直射，躲开下午强烈的日光，减少辐射量，起到保护花粉的作用。同时，朝向东方，可以最早接收清晨的第一缕阳光，尽早去除夜间凝结在花盘上的露水或潮气，以减少霉菌的侵袭。

现在你知道了吧，不管是追随太阳转向，还是固定一个方向，对于向日葵来说都是有原因、有目的的。虽然每一段过程的原因或目的不同，但其终极目标都是为了更好地成长。

聪明的蜘蛛

蜘蛛有结网的本领，这是它生存的手段，网则是它捕获猎物的武器。一旦昆虫或小动物撞到蜘蛛网上，就会被网丝粘住，成为蜘蛛的盘中餐。

绝大多数蜘蛛都是在网中央“守株待兔”的，一有猎物被粘住，它就会立即出击，进行捕杀。然而，科学家发现，在秘鲁的亚马孙流域，有一种蜘蛛却很独特，它们不是待在网中央，而是待在有树叶等遮挡物的边缘地带。由于被遮挡，很不容易发现它们。

奇怪的是，它们在躲藏之前，先用吃剩的昆虫尸体、碎屑等物复制了一个自己，粘在网中央。

蜘蛛为什么会这样做呢？原来，蜘蛛也是有天敌的，如果在网中央，完全暴露在外，那些天敌会俯冲下来吃掉它们。即使吃不掉，猛啄一口也会令它们“头破血流”。所以，蜘蛛就想出了复制替身的办法。

你也许会问，直接躲起来不就完了？何必再费力复制一个替身呢？它们不希望被天敌吃掉，却希望“癞蛤蟆吃天鹅肉”，所以就复制个诱饵，等待“愿者上钩”。那些分不清真假的昆虫和小鸟，一旦来袭，极有可能被粘住，就会变成躲在暗处的真蜘蛛大快朵颐的美餐。

这种蜘蛛真聪明，既防御了外敌侵袭，又给外敌布下了陷阱。如果不辨真伪、经不住诱惑，中了人家的圈套就在所难免了。

要成功不能只盯着锁眼

一个中年汉子在电视节目上展示他的发明——一把防盗锁。

他向现场观众和评委介绍：我历时 12 年，潜心研究我手里的这把锁，终于取得成功，今天展示给大家。

主持人问他：“这把锁的安全性能如何？”

他回答：“这么说吧，世界上除了用我的钥匙以外，没有人能打开。”

主持人说：“口气大了吧？难道专业开锁人员也打不开？”

他非常自信地说：“无论谁都不可能打开。”

主持人激他：“如果能打开呢？”

他顺手从兜里掏出一沓钱甩在桌子上，非常肯定地说:“只要不破坏锁，谁能打开，这 5000 块钱就是他的。”

主持人请上了开锁师傅。他根本不屑一顾，看都不看开锁师傅一眼。

正当开锁师傅开始操作时，他转眼说：“只能从锁眼开。”

然而，他的话还没落音，锁被打开了，只是不是从锁眼打开的，而是从锁栓缝隙中打开的。

他急了：“不能这样开，只能从锁眼开。”

主持人笑了，说：“小偷可不会按照你的规则去开锁的啊！”

几个评委都给他投了反对票，证明他的发明失败。

他还想争辩，现场观众嘘声四起。主持人说："大哥，锁已经打开，再争辩还有意义吗？"

他不服，仍然信誓旦旦，要求主持人再给开锁师傅两小时，让他从锁眼开。主持人客气地拒绝，因为即使从锁眼打不开，也已经毫无意义了。

他不服气地走了，看来，打开他的心锁还有个过程。

通常，开锁，是从锁眼。然而，成功，却不能只盯着锁眼。

读书要“挑食”

读书就像吃饭，是可以挑拣的。

现在，物质极大丰富，尽可以挑拣适合自己口味又营养丰富的食物作为盘中餐。同样，现在的图书也是五花八门、百花齐放、万紫千红，书店里的图书种类比菜市场的食物要多得多，多得让你读不过来。问题是，那么多的书不一定都适合你。所以，读书要有选择，要像“挑食”一样“挑读”。

浩瀚书海，要挑读也是不容易的。应当怎样去选择？两位出版家的忠告值得借鉴。

台湾出版家郝明义先生把书籍形象地比作四类食物：一是主食，即工作或生存必须的书籍；二是美食，即提高思想认识和修养，使自己升华到更高层次的书籍；三是水果，即工具书；四是甜食，即休闲之类的书籍。

像主食不可不吃一样，主食类的书籍也必须阅读，如果不读，就像没有食物果腹，将无法工作，无法生存。美食类书籍就像山珍海味，不读照样生存，但会影响生存质量，读了必定受益无穷。但是，囫囵吞枣式的读，吃不出味道，只有细嚼慢咽式的品读才是一种享受。水果类的书籍是生活中的帮手，这类书不是用来读的，是用来帮助你解决问题、寻找方法的，比如字典、菜谱等。常备此书，用时翻翻，还是颇有益处的。甜食类书籍就像餐桌上的点缀，无它，除了单调并无大碍，有它，则会增添色彩。闲来无事，读读，当作消遣，何乐而不为呢？

所以，郝明义先生出版了《越读者》，强调读书之前需先分清要读之书的类别，分清主次，然后有选择、有超越地去读。

已经82岁高龄的大陆资深出版家、原三联书店总经理兼《读书》杂志主编沈昌文先生更是强调读书要读经典、读精华。一是在浩如烟海的书山里选出经典，二是在同一本书里选出精华。他说，一本20万字的书，大约30%至60%都是废话，有3万字的精华就不错了。所以，他建议，不要每一本书都读完，能够把废话扔掉，一下就抓住要害，这才是读书的真本领，什么书都读完那就上当了。

吃饭挑食或许不好，但是读书“挑食”绝对有益，上面两位专门与书打交道的出版家都注重有选择地读书就是这个道理。其实，这也是每个读书人共知的道理，关键是如何去辨别、去选择。这没有公式可循，只能因人而异了。

非洲兄弟活捉狒狒的启示

网上有一段《非洲兄弟逆天活捉狒狒全过程》的实拍视频值得玩味。

远处，是一只悠闲的狒狒。近处，是一座坚硬的土堆。

一个全身上下只戴着遮羞布的非洲老汉向土堆走来。来到土堆前，他用一根削尖的树枝沿着垂直方向在土堆上钻了一个深度适宜的孔，孔的末端扩大成一个洞。完后，他向洞里放进了一把食物。最后，他退到不远处的一棵树后躲藏起来，两只眼睛则盯着那个孔洞。

不一会儿，远处的狒狒向孔洞走来。它四周打量了一下，见没什么动静，迅速将一只前爪伸进了孔洞里。它摸到了食物，紧紧抓住不放。可当它想将爪子拿出孔洞时，它攥紧的拳头却怎么也出不来。

它上蹿下跳，拼命打滚，龇牙咧嘴，痛苦喊叫，使劲向外拽前爪，可无论如何都出不来。

这时，躲在树后的非洲老汉不紧不慢地走了过来，将一根绳索套在了那个还在哀嚎的狒狒的脖子上。

那只狒狒真是愚笨可笑，只要松开攥住食物的爪子，很容易就能逃生，不至于被人抓住，真是悲哀啊！人应该比狒狒聪明，但也不乏这样的可笑可悲之人。

贪得无厌，不懂得放手，不舍得放弃，迟早是这个下场。

膨胀鱼的绝技

水獭是著名的捕鱼高手，捕起鱼来像猫捉老鼠一样快捷，几乎每次都是手到擒来。但尼罗河支流的一种很不起眼的小鱼，却让它束手无策。

这种鱼叫膨胀鱼，一般只有 0.3 千克重，与重达 5 千克的水獭比起来，简直可以忽略不计。膨胀鱼，浑身皱巴巴的，还灰不溜秋的，貌不惊人。

水獭并没把膨胀鱼放在眼里，当它发现膨胀鱼时已经近在咫尺，它像以往捕杀其他鱼类一样，迅猛出击，本以为会一口吞掉，可让它没想到的是，刚刚还是小不点的膨胀鱼瞬间增大了 20 倍，体积比它还大。水獭被突如其来的变故吓了一跳，眼前一黑，有点发蒙。可是，毕竟身经百战，加之美味实在诱人，它不想放弃，要想办法享受这顿美餐。

水獭先是用嘴咬膨胀鱼，可简直是老虎咬天，无从下口。接着，水獭想把膨胀鱼摁进水里，可它一次次地摁，这个大“气球”却一次次地浮上来。

一计不成，又生一计。水獭决定把膨胀鱼推到岸边，慢慢收拾。但是，这个大“气球”实在太滑了，水獭没有办法把它推上岸。它围着膨胀鱼转了几圈之后，还是毫无办法，以失败告终，只好恋恋不舍地放弃了。

见水獭远离之后，膨胀鱼慢慢恢复了原状，又在河流里畅游。

别以为强大就一定是强者，就一定能征服弱者，其实未必；别以为弱小就一定是弱者，只要掌握一项绝技，就会很强大。

请狼入“室”

美国的黄石公园是野生动物的天堂，栖息着大量的野生动物。人们对于食草动物没有任何敌意，独对食肉动物的狼极其愤怒。因为狼猎食野牛、鹿等人们喜爱的动物，所以欲除之而后快。

为此，人们开始了驱除和射杀狼群的行动，数以万计的狼被猎杀，从1884年至1918年，仅蒙大拿州就捕杀了8万只。从此，狼在黄石公园销声匿迹了。

然而，自从没有了狼，野牛大量繁殖，老弱病残也存活了下来，山上的青草等食物已经不能满足需要，它们就跑下山来，跑出公园，进入农场和牧场觅食，破坏了农场和牧场的篱笆，毁坏了农场里的庄稼，而且将病菌带进了牧场，对牲畜构成了极大威胁。

自从没有了狼，以惯吃狼的剩饭为生的动物如秃鹫、鹰、乌鸦、狐狸等再也找不到残渣余屑，生计失去了保障，没有足够的营养补充，许多都没有活过难熬的冬天。

自从没有了狼，野牛和鹿等悠闲了，没有了天敌，它们再也不用担惊受怕，被追得四处逃窜。但是，失去了对手，生活安逸，它们却越来越不如原来强壮了。

科学家们研究发现，狼的存在，虽然给黄石公园的野生动物造成威胁，但并没有使其灭绝，反而起到了优胜劣汰的效果。因为被狼捕杀的野牛、鹿等动物都是老弱病残之辈。没有了狼，反倒使公园的生态失去了平衡。

因此，1995年，经过反思的人们重新引狼入“室”，将狼“请”回了黄石公园。此后，战争又起，你追我赶、弱肉强食的场面又上演了。野牛又爬上了山腰，鹿又强壮了起来，鹰又在上空盘旋，小动物们又安全过冬……

我们人类历来反对恃强凌弱，但切不可用对待人类的眼光去看待野生动物。“物竞天择、适者生存”是野生动物的生存法则，违背了这个法则，就会像美国狼基金会主席阿斯金说的那样：“自然界中若没有了狼，就像钟表没有了发条一样。”

让 它 燃 烧

美国黄石公园总面积 8956 平方千米，原本是印第安人的圣地，被美国探险家路易斯和克拉克发现后，1872 年成为世界上最早的国家公园，1978 年被列为世界自然遗产。

黄石公园 85%的面积被森林覆盖，发生火灾是难免的。森林发生火灾，通常的做法是动员一切力量扑救。但是，黄石公园的做法却不是这样。自公园成立之初，就采取“让它燃烧”的政策。只要不是人为因素，且不危及人的生命和财产安全，巡逻人员都不去设法施救，而是让它自生自灭。

他们自有他们的道理，他们认为森林火灾给整个生态带来的好处很多。由于长达几十年甚至几个世纪的累积，枯枝败叶覆盖了林地，而且越积越厚，致使新的物种无插足之地，原有的生物群落也很难发展和更新。大火过后，烧掉了枯枝败叶，被覆盖得暗无天日的土地重新见到了阳光，黑灰大量吸收了太阳的热能，成为催生种子的最好温床；大火不仅烧毁了植物，也吞噬了妨害植物生长的病虫害和化学物质，为存活植物的健康扫清了障碍；浓烟过处，也能杀死森林中的一些病原体，这就间接保护了未过火地片的森林。

总之，他们的观点是，森林火灾不可能把一切都化为灰烬，烧掉的只是老弱病残的植物和枯枝败叶以及运气不佳者，而那些死里逃生的强者却摆脱了许多竞争对手，获得了更加充足的阳光、水分和养分而成为“天之骄子”，有益于生物的新陈代谢和推陈出新。

事实的确如此。1988年，黄石公园的一场特大火灾，致使公园的过火面积达到了36%，烧毁森林41万英亩。然而，大火过后的第一个春天，第一批幼苗就陆陆续续破土而出，一片新绿又覆盖了被烧焦的土地，呈现出勃勃生机。

“让它燃烧”，为枯枝败叶找到了归宿，为强者提供了机遇，为新生命发掘了土壤。这是黄石公园的大胆且独特之举。

四两拨千斤之妙

两根长长的圆轴要送到千里之外的工厂去修理，工人师傅用吊车把这两根重达 2 吨多的圆轴装上了卡车。

一个学徒工拿来了一堆绳索。

卡车司机问:“你拿来这么多绳索干什么？”学徒工说:“固定啊！不然，它们会在车上滚动的。”

司机问：“你准备怎么固定？”学徒工答：“先将两根长轴捆绑好，然后再将它们与卡车车厢绑在一起。”

司机说：“用不着这么麻烦。”说完，只用了两根短绳索，分别将两根轴的两端捆绑在了一起，并没再绑到车厢上。

他问学徒工：“这样就行了，你说还会滚动吗？”他没容学徒工答话，继续说：“限制了圆的特性，不但不会滚动，而且这么大的重量，保证连动都动不了了。”

学徒工说：“这办法高明，既简单，又省事，还稳固。”

其实，日常管理也是这样，不必非得大动干戈，只要方法对路，四两也能拨千斤。

用幽默应对飞来的鞋

美国政要常被扔鞋，被扔鞋难免尴尬。

2008 年 12 月 24 日，时任美国总统的小布什突访伊拉克，在记者会上遭遇一名叫则迪的伊拉克记者扔鞋袭击。

正在记者会进行之时，则迪突然向小布什扔出了第一只鞋，并喊道："这是来自伊拉克人民的礼物，这是吻别，你这条狗。"面对飞来的鞋，小布什一猫腰躲到了演讲台后面。正当他笑眯眯地直腰想站起来时，则迪又喊道："这来自寡妇、孤儿和所有在伊拉克丧生的人。"同时，第二只鞋又扔了过来，小布什再次躲到了演讲台后面。没想到，他站起来时虽然有些尴尬，但脸上仍然挂着笑容。

则迪被制服带走后，小布什打趣说："我不会为此感到不安，如果你们希望知道，他扔的是一双 10 号鞋。"

无独有偶，2013 年 2 月 9 日，小布什的老部下、前美国驻伊拉克最高文职行政长官保罗·布雷默在英国下议院演讲时也遭到了扔鞋的袭击。

在演讲进行到观众提问环节时，一名自称在伊拉克长大的男子向布雷默扔出了第一只鞋。已经 71 岁高龄的布雷默反应敏捷，头一歪，身子一缩，很灵巧地躲了过去。紧接着，第二只鞋又飞了过来。没想到，已经有所防备的布雷默笑容可掬，并伸手想去抓住飞来的鞋，可惜没有成功。

骚动之后，布雷默继续演讲。继续演讲之前，布雷默还幽了袭击者一默：“如果你想这样做，那么事前应该多练练瞄准。”还颇具娱乐精神地在一只鞋子上签上了自己的名字。

如此遭遇，无疑令人尴尬，但是，小布什和他的老部下都用一句轻描淡写的话语轻松、巧妙地化解了尴尬，甚至使尴尬变成了乐趣。除了他们都有政治家的胸怀之外，还因为他们幽默的处理方法。化解尴尬，最好的办法是幽默。

有生命的石头会开花

南部非洲的沙漠里，有大片大片的砾石地带，在这些鹅卵状的砾石堆里，生长着一种小型植物——生石花。

生石花的一个特点是茎很短，呈球状，全身肉质，是许多小动物都喜欢的美味。

生石花的另一个特点是喜欢与砾石为伍，它们大都是从砾石的缝隙里长出来的。奇特的是，它们的形状、大小、颜色和花纹几乎与周围的砾石一模一样，如果不仔细辨认，还认为是鹅卵石呢。

这些小巧玲珑、色彩斑斓、混杂在砾石堆里的生石花，当地人给予了它“有生命的石头”的美称。

这不仅是对其外形的褒奖，更是对其内在品质的褒奖。因为生石花生得娇小肉多，是鸟兽喜欢啃食的美味，为了迷惑动物，保护自己，它们特意选择在砾石地带生长，并且选择长成砾石的样子。

生石花，看似与砾石无异，但它们之间却有着根本性的不同，因为砾石没有生命，而生石花则是有生命的，时间到了还会开出美丽的花朵。

聪明的鹭鸟

湖边，站着一只鹭鸟。游人纷纷驻足观看，有人顺手扔给它一小块面包。心里想着，鹭鸟定会一口吃掉面包。

但出乎所有人意料的是，鹭鸟并没有吃掉面包，而是将它叼起来，放进近前的湖水里，然后，站在岸边瞅着湖水。

正当人们不知其意之时，一条小鱼向面包游来，准备大快朵颐一番，可是还没等小鱼张嘴，鹭鸟的长喙迅即张开，啄向水中的小鱼。小鱼还没明白过来是怎么回事，就已经进入了鹭鸟的腹中。

吞下小鱼之后，鹭鸟继续守在岸边，等待其他上钩的小鱼。可惜，这次等来的鱼太大，超出了它的吞咽能力。所以，还没等这条大鱼靠近面包，鹭鸟就把面包叼了起来，含在嘴里。大鱼见食物不见了，就悻悻地游走了。

见大鱼远去，鹭鸟将含在嘴里的面包又吐到水中，继续等待猎物。不大工夫，竟接二连三地诱捕到多条小鱼，鹭鸟大饱口福，吃了个酒足饭饱。

游人看得目瞪口呆，若不是亲眼所见，简直难以置信：小小的鹭鸟竟然如此聪明。到嘴的美食，多么诱人啊！它完全可以选择吃掉，但是，它没有。吃掉，还不够塞牙缝的，不吃，却生发出了超乎寻常的价值。

的确，鹭鸟是聪明的、智慧的。它看到的不仅仅是一块小小的面包，而是懂得用这块小小的面包获取更大的利益。

跟着鸟儿去采蜜

在埃塞俄比亚高原南部的奥莫山谷中，有一种叫响蜜䴕的灰色小鸟，虽然只比麻雀大些，但在当地土著部落却享有崇高的地位。如果有人胆敢杀死它，那么，这个人轻则会被割去双耳，重则会被处死。如果响蜜䴕受到天敌攻击，土著人也绝不会袖手旁观，必定全力相救。

这是为什么呢？有个鸟类学家揭开了这个秘密。

现代文明社会，蜂蜜一般都来自人工喂养的蜜蜂，而那里的土著人却都是从丛林里的野生蜂巢中获得蜂蜜的。不过这里也有一个问题，野生蜂巢大都在深山老林，而且隐藏在深深的树洞里，人们很难发现。

响蜜䴕也爱吃蜂蜜，它还是唯一以蜂蜡为食的脊椎动物，为了找到蜂巢，常常在树林里飞来飞去。可是，当发现蜂巢之后，美味就在眼前却根本享受不到，因为它们无法钻进树洞。响蜜䴕很聪明，立刻到附近的村里去搬兵求援。

它在村子上空盘旋，不断发出刺耳的叫声。听到叫声的土著人喜笑颜开，根据古老的经验，他们知道响蜜䴕找到蜂巢了，就立即拿上自制的工具，跟上响蜜䴕出村了。

来到丛林，响蜜䴕就站在树上鸣叫，给采蜜人当向导。当采蜜人来到树下之后，它又飞到另一棵树上，发出叫声。就这样，一棵树一棵树地边飞边叫，一步步地将采蜜人引导到藏有蜂巢的树下。

当采蜜人开始用烟火驱赶走野蜂开始采蜜时，它站在树梢上等候。采蜜人采完蜜之后，作为答谢，把一些蜂蜜和蜂蜡抹放在树枝上，留给响蜜䴕吃。采蜜人一走，响蜜䴕就飞下来，大快朵颐。

据说，如果采蜜人不给响蜜䴕留下一些蜂蜜和蜂蜡，下一次，响蜜䴕就会把采蜜人引向狮子或者毒蛇面前。

多少个世纪以来，这种人鸟合作的关系一直延续着，没有人去破坏这种规则，当然也就没有响蜜䴕把人引向歧途，因为人和响蜜䴕都懂得各取所需、和合共生的道理。

狐獴与卷尾

南非的卡拉哈里沙漠，居住着一种叫狐獴的小型动物，体重只有700多克，主要以昆虫为食，蛇和蜘蛛等毒物也照吃不误，而且绝不会中毒。虽然它们有百毒不侵的本领，但遇到天敌还是会赶紧逃之夭夭。

狐獴是群居性动物，一般都是数十只集体出动。它们长有尖利的爪子，惯常的觅食方法是从沙漠里刨食。它们非常团结，警惕性也很高，每当集体刨食时，总有几只狐獴站岗放哨，发现危险就用叫声发出警报，让同伴迅速逃离，避免伤害。

狐獴刨食时，会有一种叫作卷尾的燕子主动为它们站岗放哨。因为卷尾站在树梢上，高瞻远瞩，比那些狐獴哨兵更能提前发现敌人，发出警报。

一群狐獴正在刨食，树梢上的卷尾发现远处有一只苍鹰正快速飞来，它立即鸣叫。听到叫声的狐獴们知道危险临近，立即停止了刨食，逃回了洞穴。

苍鹰盘旋了一圈之后，没有发现猎物，旋即飞走了。警报解除，狐獴出来继续刨食。正当一只狐獴刨出一只蝎子时，卷尾又叫了。狐獴顾不得吃掉到口的美味，又逃进了洞穴。此时，卷尾从树梢上飞了下来，吃掉蝎子之后，又飞上树梢。

狐獴探头探脑地从洞穴出来，见并没有危险，知道被卷尾骗了，它们不理卷尾，依旧只顾埋头继续刨食。当又刨出虫子时，它们听见了狐獴哨兵的叫声，不得不放弃猎物，逃回洞里。

没想到，这次很像哨兵叫声的声音是卷尾模仿的，卷尾又把它们的战利品缴获了。

如此这般，几次三番，长年累月，狐獴和卷尾就是这样在真真假假、虚虚实实的“游戏”中生活着。卷尾高明的“骗术”对狐獴的欺骗总是奏效，而狐獴却从不记恨卷尾，还很友好地相处。因为，卷尾不总是欺骗狐獴，不总是抢食狐獴的盘中餐，只是分一杯羹而已，而提供的情报却让狐獴免遭屠戮。自己损失的只是几条虫子，而得到的却是生命的安全保障，何乐而不为呢？

互利互惠，这个道理狐獴是懂得的。

减少一枚黑橄榄

美航是美国最大也是最赚钱的航空公司之一，却有一个最“吝啬”的首席执行官——罗伯·柯南道尔。他是一名成功的企业家，他的成功，就是想尽一切办法节约成本，赚取最大利益。

一次，他乘坐美航的航班，晚餐时一盒沙拉他没有吃完，剩下了一点生菜和一枚黑橄榄。他起身去洗手间时，特意观察了过道两边乘客的餐桌，几乎无一例外，沙拉都没吃完，剩下最少的都是一枚黑橄榄。

从洗手间回来，他叫来机上负责餐饮的主管，把自己吃剩的生菜和黑橄榄装进塑料袋递给这名主管，然后问：“我吃不下了，怎么办？”主管回答：“回收到垃圾袋。”他又问：“这不是很浪费吗？”主管回答：“一直都是这样的。”他继续问道：“给乘客的晚餐一直都有剩吗？”主管答道：“是的，几乎每次都剩下一些生菜和黑橄榄。”

他没有继续问下去，而是对主管说：“看来，要颁布一项命令，缩减晚餐沙拉的分量，立即执行。”他似乎还不满意，接着说：“而且，每位乘客的晚餐减少一枚黑橄榄。”此举很快在美航的所有航班上执行。

别小看这枚小小的黑橄榄，只减少了一枚，每年就为美航节约7万美元。

“吝啬”有时是一种经营之道，就看你如何运用。用不好，就是吝啬鬼；用好了，就是企业家。

亮出你的错误来

一个朋友从他供职8年的公司离职，我替他惋惜，那是个很不错的公司，年薪很丰厚。但是，紧接着却又传来他被一家更大的公司聘用的消息。

我问他："难道你有什么撒手锏不成？"他笑着回答："哪里啊！人家老板是看上了我犯的错误。"我不解，他给我讲了那天的应聘过程——

老板打量了他一眼，然后说："请说说你的经历吧。"他说："之前，我在与贵公司同行的××公司任职。"老板继续问："那为什么辞职了？"他毫不避讳地说："不是辞职，是被解雇了。"老板对他的真诚产生了兴趣，继续问："噢！为什么？"他仍然不加掩饰，爽快地说："我犯错误了，而且不止一次。能犯的错误几乎都犯了，人家就不能容忍了呗。"老板试探着问："这些错误还会再犯吗？"他肯定地说："工作中我不敢保证不犯错误，但我能保证绝不会再犯同类的错误。"老板最后说了一句:"这就是经验，就是优势啊！"就这样简单，他被聘用了。

别让自己的错误羞于见人，主动亮出来，有识之士会另眼看待，因为有识之士认为：正视错误，就会避免错误。

破绽致命

在美国密歇根州的丛林里，活跃着大量的豪猪。它们属于啮齿类动物，长有发达的门牙，尤喜欢吃植物的根茎。因此，生长在这里的植物遭殃了，特别是那些树木，受到了极大危害。怎么办？森林管理人员没有什么好办法对付它们，豪猪成了个棘手的问题。

别看豪猪个头不大，只有十几公斤，但因为它除了头部和腹部以外，全身长满了长长的像钢针一样硬的棘刺，棘刺还带有倒钩，刺入体内很难除去，而且能以每天十几毫米的速度钻向体内，直至内脏破裂导致对手死亡。所以，即使再大再凶猛的动物也不敢招惹它。因此，它们就有恃无恐，泛滥成灾。

为了保护森林，抑制豪猪灾，有人想到了渔貂。渔貂，也叫渔猫，是北美洲北方森林里罕见的食肉动物，体形似鼬，长有蓬松且长长的毛尾，体重 5—6 公斤。有人怀疑，小小渔貂，体重最多也就豪猪的一半，能是豪猪的对手吗？

在质疑声中，森林管理人员从加拿大引进渔貂并放养在了森林里，让它们捕杀豪猪，效果立竿见影。

虽然叫渔貂，但它却极少吃鱼，最爱吃小动物和腐肉。来到森林之后，见到那么多豪猪，它们开心极了，多好的美味啊！

豪猪见到渔貂后，使出了对付其他猛兽的招数：全身利箭般的棘刺迅速直立起来，将头夹在两腿之间，屁股对着渔貂，一副岿然不动的架势。

然而，豪猪对付其他猛兽频频奏效的这招对付渔貂却无效。它以为渔貂定会惧怕它坚硬的棘刺，但它错了，渔貂不但不惧怕，反而主动攻击它。

渔貂翘起尾巴，围绕着豪猪打转，左蹿右跳，飘忽不定，豪猪也想始终用屁股迎敌，以免被渔貂抓住软肋，所以就不停地随着渔貂转动方向。结果，它不如渔貂灵活，被挑逗得眼花缭乱，伸头探脑，不小心露出了破绽。渔貂乘其不备，突然咬住豪猪的头部。疼痛难忍的豪猪一时乱了方寸，一个翻身，柔软的腹部暴露了出来。渔貂抓住时机，开膛破肚，享用美餐。

豪猪怎么也不会想到，大风大浪都闯过来了，却在小河沟里翻了船。关键是，它在人家的百般挑逗之下露出了破绽，旋即就被人家轻而易举地击中了要害。

让戴高乐出“洋相”的午宴

戴高乐将军就任总统入主爱丽舍宫之后宣布：“我不愿意铺张浪费，希望各位务必注意！”号令一出，宫内人员有令必行，即使宴请外国贵宾也严格按照人数准备菜肴，一人一份，决不多余。

一次，戴高乐总统设午宴招待来访的伊朗国王一行。根据事先安排，就餐人数是40人，因此，厨房就可丁可卯地准备了40只雏鸽。

中午时分，伊朗国王带领他的随行人员按时来到了餐厅，然而出乎意料的是，他的随从中临时增加了2名军官。这可急坏了礼宾司长，42个人，只有40只雏鸽，怎么办？他急匆匆地跑到厨房找厨师想办法。厨师哪有办法啊！万般无奈之下，他只好让厨师准备两份牛排，一份上给戴高乐，一份上给另一个陪餐人员。

再说餐厅这头，宾主已经入席，戴高乐发现，客人的桌前已经上菜，而他的桌前却空空如也，不免纳闷。殊不知，厨房正在火急火燎地制作牛排呢。等了好久，侍者终于把菜给他端了上来。他环顾左右，发现邻座的盘子里都是雏鸽，而自己的盘子里竟然是牛排。他看了看菜单，然后示意餐厅主任过来。餐厅主任早已吓得面如土色，他原本在客轮上工作，刚到这里上任不久，以前是给旅客服务的，哪有给国家政要服务的经验啊！他硬着头皮，唯唯诺诺地在戴高乐耳旁进行解释。戴高乐没容他说完就严肃地说："给我换一份鸡蛋来！"

本来换一份鸡蛋事情或许就过去了，但是阴差阳错，牛排被端回厨房后加了些边菜又被另一个侍者取走了。这个侍者由于不知道刚才餐厅那边发生的事情，又把它端给了戴高乐总统。此情此景，让戴高乐总统啼笑皆非。

最狼狈的莫过于礼宾司长和餐厅主任了，真想有个地缝钻进去。他们知道总统不会放过此事，餐厅主任甚至做好了被辞退的准备。果然，当天晚上，戴高乐总统就对他们大发雷霆，并真的声言要辞退餐厅主任。一通咆哮之后，突然阴雨转晴，话锋一转，温和地说："卷铺盖走人？别想！执行不好节约令还得拿你们是问呢。"

谁都听得出来，戴高乐总统电闪雷鸣般地斥责错误，和风细雨般地给人摆脱困境，润物无声般地提出了更高要求。这，就是批评艺术的巧妙之所在。

乌鸦的测试

乌鸦有个习性，即将吃剩下的食物藏起来，以备以后享用。奇怪的是，不知为什么，它们不仅藏食物，还藏其他不能食用的物品。

为了解开这个谜团，研究人员决定对乌鸦进行测试。一天，两个女性研究人员将一个小塑料玩具放在了离乌鸦不远的地方，然后远远地躲起来，观察乌鸦的动静。

很快，乌鸦来到玩具跟前，玩弄后叼起来，放进墙边的一棵树下的坑里，再在旁边堆上石块，最后在上面盖上树叶。认为万无一失之后，才飞走。可它并没飞远，藏玩具的地方一直没离开它的视线。

这时，第一个研究人员来到乌鸦藏玩具处，掀开树叶看了看，然后又将树叶盖上，没有拿走玩具。乌鸦看在眼里，并未作声。

第一个研究人员走后，第二个研究人员又来了。不同的是，她掀开树叶，把玩具拿走了。此时，乌鸦不再沉默，冲着她“呱、呱、呱”地叫了几声。

测试还没有结束。此后，乌鸦再藏食物时，并不避讳第一个研究人员。而当第二个研究员在场时，乌鸦会避开，将食物藏在她看不见的地方。

原来如此，乌鸦之所以会藏食物以外的东西，是在测试谁是盗贼，需要防范；谁可以信赖，无须戒备。

这是个挺有意思的测试，人在测试乌鸦，乌鸦也在测试人。

先设陷阱，再搭台阶

苏门答腊群岛有一种世界上体形最大的花——尸香魔芋花，它高达 1.8 米左右，紫红色的花朵能持续开放数天，非常艳丽，美得出奇。但是，它的味道却像好久不洗的臭袜子或恶臭的腐烂尸体一样，非常难闻。因此，即使它长得再漂亮也不讨人喜欢。然而，萝卜青菜各有所爱，以吃腐尸为生的食腐甲虫却对它情有独钟。

食腐甲虫闻到尸香魔芋花的味道之后，以为有美味可以享用了，纷纷来到花下，然后爬到花瓣的顶端，站在“喇叭口”的位置，俯瞰这朵庞大的花，猛嗅“沁人肺腑”的“尸香”。正在陶醉之时，一不小心滑到了“喇叭”的底部——花心，像是突然坠入了陷阱。它们想爬上来，可无论怎样努力，光滑的花内壁让它们劳而无功，只能在花心里误打误撞。

夜晚，花蕊释放出许多花粉，散落了甲虫一身，本来黑乎乎的身体几乎完全变成了黄色。第二天，甲虫们继续努力，向花的顶端爬去。让它们奇怪的是，昨天光滑的花壁今天却变得非常粗糙，它们像是踩着台阶一样，没费多大力气就爬了出来。原来，释放花粉的过程中，花的内壁变得粗糙起来。出来后，甲虫们到处游玩，不由自主地把身上携带的花粉传播开来。

先设陷阱，让你进来；再搭台阶，让你出去。既让别人有所得，又让自己有所获。正因为如此，尸香魔芋花才能长生不老，花龄长达 150 多年。

小盲鳗吃掉大鲨鱼

鲨鱼是海洋里的巨无霸，也是最凶猛的海洋动物，海中任何其他动物见到它都会闻风丧胆，落荒而逃。然而，盲鳗不但不逃避，反而还像去会见老朋友似的，故意向鲨鱼身边游弋。

盲鳗，顾名思义，也就是没有视力的鳗鱼。不仅眼瞎，而且它还长了一身软骨，身长不足1米，细细的，软软的，看起来弱不禁风，丝毫没有攻击能力。因此，一向君临天下的鲨鱼根本就没把它放在眼里，任其向自己靠近也毫不在意。

盲鳗越来越近了，当触须触到鲨鱼的身体时，它那像吸盘一样的嘴紧紧地吸附在了鲨鱼身上。鲨鱼并没感到危险附身，还以为盲鳗在向自己献媚示好呢。

盲鳗慢慢地向鲨鱼的头部移动，移动到腮边之后停了下来，开始亲吻鲨鱼的嘴巴。直到此时，鲨鱼仍未对盲鳗鱼有所警觉，尽管让其亲吻，多温柔多舒坦呢！正当鲨鱼被亲吻得得意扬扬，心花怒放之时，趁它张嘴的机会，盲鳗迅速钻进它的嘴里，很快跑到了它的腹中。这下鲨鱼才有所警觉，可为时已晚，盲鳗已经实实在在地成了它的心腹大患。它吐不出，排不掉，只能任其在腹中兴风作浪，为所欲为。

在鲨鱼的肚子里，像来到了美食街，盲鳗毫无顾忌，尽情享受嘴边的美味，而且想吃就吃，边吃边排。它的饭量惊人，每小时吃掉的食物能达到自己体重的两倍。

鲨鱼被吃得五脏六腑千疮百孔，心疼极了。它后悔莫及，尽管翻江倒海地求饶，可盲鳗却不理不睬，直到将鲨鱼吃得仅剩下一堆骨头架子和一副空空的皮囊，这才优哉游哉地去找寻下一个上钩的倒霉蛋。

就这样，弱不禁风的盲鳗把傲视群雄的鲨鱼吃掉了。鲨鱼死在了轻敌，盲鳗胜在了智慧。看起来是不可能的事情，却真实上演了。

“笑声”的不同用途

非洲东部的卢旺达，生长着一种小乔木，褐色的树干，椭圆形的叶子，每个枝杈间都长有一个形似铃铛的皮果，皮果内生有许多滚珠状的皮蕊，果壳上长满了斑点状的小孔。每当微风吹来，皮蕊就在果壳里滚动，滚动的声响就会通过果壳上的小孔传出来，发出“哈，哈”的声音，就像人的笑声一样。因此，当地人把这种小乔木叫笑树。

笑树成了一道风景，好奇的游客慕名而来，一睹风采，主要的还是感受一下“哈，哈”的笑声。听到笑树的“笑声”之后，游客们也会开怀大笑。有些不明就里的游客听到笑树的“笑声”后以为是人在笑，却只闻其声不见其人，往往被戏弄。待到恍然大悟后，也会情不自禁地“哈，哈”大笑。

游人只是把笑树当成了风景，而当地人却把笑树当成了武器，他们巧妙地利用了笑树的“笑声”。

早先，当地人的庄稼经常受到鸟儿的掠食和侵害，人们也不能时时刻刻地看守着，所以，收获的时候，不少麦穗和谷穗成了空壳。

不知哪一年，人们发现了笑树的功能：它的“笑声”能赶跑鸟儿。所以，他们就把笑树移植到了地头田边，用以驱赶鸟儿，保护庄稼。

此招果然奏效，每当鸟儿飞来，开始降落的时候，听到阵阵“笑声”，鸟儿以为是人来了，吓得立即掉头，远走高飞。此举之后，人们不用再看守田地，庄稼也免受了损失。

同样的“笑声”，对于游人只是好奇，而对于农人却是武器。只缘他们的出发点不同，游人是为了得到乐趣，而农人是为了收获果实。

第二辑

伤害处长出一朵花

原来，
黄花梨的“鬼脸”是经过了无数风风雨雨，
经历了多灾多难之后形成的伤疤。

然而，
就是因为这伤疤，
才让黄花梨更加名贵，
更具魅力。

在伤害处长出一朵花，
伤害就不成为伤害，
而是上天的恩赐。

“万一”也有两面

俗话说：不怕一万，就怕万一。说明万一发生的事情是凶多吉少。下面的故事却截然相反。

上世纪80年代，一对北方的新婚夫妇到云南旅行，除了旖旎的风光之外，他们喜欢上了云南名吃——过桥米线。吃罢米线之后，二人赞不绝口，叹曰：“天天吃米线该有多好啊！”妻子笑着对丈夫说：“要不把米线引进到我们那里吧？”丈夫说：“别异想天开了。”丈夫明显不同意。

妻子是个贤惠的女子，对丈夫从来都是温柔体贴，但这件事她主意很坚决，就耐心做丈夫的工作。丈夫说：“这要很大一笔投资，我们刚结婚，积蓄不多，资金哪里来？”妻子说：“我们可以借贷啊！”丈夫说：“万一失败了呢？那可砸锅卖铁也还不上了啊！”妻子反问：“万一成功了呢？那可是一笔不小的收入啊！”

妻子终于说服了丈夫，把过桥米线引进到了他们所在的北方小城，他们“天天吃米线”的愿望实现了。

自从店面开业，小两口精心经营，热情服务，一直受到百姓的欢迎，无论是春夏还是秋冬，常常是食客盈门。现在，已经过去了20多年，他们的生意越做越大，开了多家连锁店，妻子已经是当地颇有名气的企业家。当然，他们也是财源滚滚了。

偶然的一顿饭让她看到了商机。面对机会，她和丈夫想到的都是“万一”，只不过丈夫想到的是“万一失败”，而她来了个 180 度的大转弯，想到的是“万一成功”，结果她真的成功了。

想着失败，不敢尝试，即使失败的概率只是万一，也必然不会成功；想着成功，敢于去做，即使成功的概率只是万一，也有成功的可能。

从沙漠来到城市的旅人蕉

旅人蕉是非洲沙漠雨林里的一种野生植物。在自然生长状态下，它长得高大、粗壮，高可达 20 多米，粗约 50 厘米。它的叶子也是又大又长，宛如一把把打开的巨型折扇，又如孔雀开屏，非常美丽、壮观。

由于它的叶子遮天蔽日，能遮挡强烈的日光，所以旅人都爱到它下面避暑、乘凉。更为旅人喜欢的是，它能给人们提供水源，让在沙漠里旅行的人们畅饮解渴。因为它们每一个叶柄下部都储存着好几斤的水，只要轻轻划开一个小口，新鲜、清澈的水就会像清泉一样汩汩流出，而且，一天之后，划破的小口能自然愈合，再为旅人做好下一次储备。

人们发现了旅人蕉的观赏价值，城市美容师们就把它们移栽到了城里，一时间，街心、公园、庭院、校园等很多公共场所都出现了它们的芳容。

从沙漠来到城市，旅人蕉从原来的自然生长到现在的有人施肥、有人浇水、有人修剪，呵护有加，无微不至，简直发生了翻天覆地的改变。在城市美容师的精心培育和护理下，旅人蕉出落得更为秀丽端庄，美丽大方，叶脉更加修长，叶片更加葱翠，整体上更加具有观赏性，到了秀色可餐的境地，深受市民的喜爱。

然而，渐渐地，人们发现，它们已经不如在沙漠里时抗倒伏，它们的叶柄再也提供不出大量的水，抵御风雨和病虫害的能力大大减弱，叶枯根烂的现象时有发生。总之，它们的生命力大大缩减。

究其原因，由于人们的过分呵护，旅人蕉需要的滋养随时都会有人提供，所以，它们不需要把根扎得很深，也不需要自身储备过量的水分，这就导致了它们生命力的退化和衰减。

不难看出，喜爱旅人蕉的人们，只注重培养了它的观赏价值，而忽略了它的生命价值。对于观赏植物来说，这尚可理解，但对人来说，却是不可原谅的。

有时，过度的无微不至，折损了自然的生命力量，反是一种加害。

红树的“胎生”本领

在南方沿海，可见到成片成片的红树林，它们扎根海边，成年累月经受着海水的浸泡和潮涨潮落的冲击。目睹它们的生存环境，一个问题在我脑海里萦绕了许久，在浪涌波滚的海水里，它们的种子怎么能不被海水冲走而生存发芽以至长得如此繁茂呢？

查阅了资料我才补上了欠缺的知识，知道了其中奥秘。

原来，红树与其他树种的不同之处在于它无需把种子埋进土壤才生根发芽，而是它的种子在树上就完成了发芽长成树苗的过程。每当春秋两季开花结果后，果实并不落地，而是在母树上继续吸收营养，萌芽长成幼苗，至 20 到 30 厘米高后，像成熟的胎儿一样，脱离母体，一个个跳进海滩，扎进淤泥，并且在几个小时内生根、驻扎下来。这样，尽管潮起潮落，也不会把它们冲走。具有这种本领的树叫胎生树。

你也许会觉得这仅仅是个例。其实，红树并非是一种树，而是包括了蜡烛果、秋茄、木榄、海漆、榄李、海榄雌和银叶树等 60 多个树种的统称。如果说一种具备“胎生”本领的树生于此是偶然，那么这么多聚居此地的树种都具有“胎生”本领就不是用偶然能够解释的了。

专家解释说，红树原本是一些陆地开花的树，来到海洋边缘后，海浪冲击、淤泥缺氧、环境动荡……一切都改变了。由于环境特点的变化，种子已经不可能落地发芽。经过了一个极其漫长的演化过程之后，它们学会了“胎生”的本领，以至繁衍生息，使海边变得郁郁葱葱。

与其说环境成就了红树，不如说红树成就了自己。如果自身不练就应对环境的本领，一味指望外界去造就，小树不会长成大树，大树不会长成森林。

假死与假活

为了美化广场，从山里移栽来两棵银杏树。

春暖花开的季节，一棵银杏吐出了嫩绿的叶子，而另一棵则毫无动静。一棵都叶满枝头了，另一棵的树枝上仍然光秃秃的。很显然，一棵“活了”，一棵“死了”。

有人想砍掉那棵“死了”的银杏，却被园林专家阻止了。园林专家用手指甲掐了掐嫩绿的树枝，有汁液流出。他说：“它没死，会长出叶子的。”

可是，一直等到秋天，那棵“活了”的银杏都开始落叶了，而那棵“死了”的银杏也没长出叶子来。有人取笑园林专家：“原来专家也有看走眼的时候啊！”专家笑而不语。

第二年，那棵“活了”的银杏又按时令吐翠、发芽、长叶。再看那棵“死了”的银杏，一年四季下来，依然没见一片叶子。

有人又想砍掉它，再次被园林专家阻止了。他依旧说：“它没死，别砍它。”

果然，第三年的春天，它的枝条上钻出了芽子，长成了叶子。奇怪的是，那棵“活了”的银杏这年却再也没有长出叶子。

真真切切，那棵“死了”的活了，而那棵“活了”的死了。对这一奇怪现象，园林专家进行了下面的解释：

看似“活了”的，其实仅靠自身体内的营养在支撑着，一旦营养消耗殆尽，生命就走到了尽头。因为它的根已经死去，无法汲取和提供营养。它是“假活”。

看似“死了”的，别看树枝光秃秃的，可枝条嫩绿，说明树根活着，并且已经扎进土壤。有根汲取和提供营养，长出叶子是迟早的事情。这是“假死”。

所以，只要根活着，“死了”的也能成活；如果根死了，“活了”的也终将死去。

飓风带来的机会

在南太平洋的岛屿上，有一种爱吃椰子的蟹，它们能爬上十几米高的椰子树摘下椰子，然后用尖利的螯打开坚硬的外壳，吸食椰汁，吞食椰肉。它们还很有毅力和耐心，能从数公里外把椰子搬回巢穴，当作储备粮。因为它们对椰子情有独钟，所以，当地人把它们叫作椰子蟹。

我们知道，蟹是水生动物，但椰子蟹却不是，它们是一种在陆地上生活的蟹类，若进入水里，几分钟就会把它们淹死。

虽然如此，但椰子蟹始终对大海不离不弃，它们不仅把家选择在大海里的岛屿上，还会不惜冒着生命危险进入大海。因为，海水是它们繁衍后代的产床，它们必须将卵产到海水里才能繁殖出下一代。

繁殖期到了，完成交配的雌性椰子蟹来到海边，趴在礁石上产卵，潮水一波一波地汹涌过来，拍打在它们身上。它们的爪子紧紧地抓住礁石，任凭风吹浪打，直到产卵完毕，卵进入大海，它们才迅速逃离上岸。

遗憾的是，终其一生，它们也看不见自己的后代。漂浮在海面上的受精卵随波逐流进入大海深处，经过 20 多天的生长，慢慢长成了幼蟹。此时，它们还是两栖阶段，海水还不能把它们淹死。但它们几乎不可能自己登陆，只有等待机会，等到机会才有生路。

机会来了，这个机会是飓风。猛烈的飓风把海水和幼蟹卷起，旋上了天空，带到了岛屿上。

结果，被飓风卷走的幼蟹存活了，而没有被飓风光顾的幼蟹，等待它们的结局是葬身大海。

飓风，对无数生灵来说是一场灾难，但对椰子蟹却是一次机会。

两棵香樟树的不同命运

一个小区无香樟树，却被定名为香樟苑。为了名实相符，小区的住户们决定从山里移栽香樟树到小区来安家。

为了保证移栽成功，大家先选出专人去园林单位学习取经，然后才开始移栽。

移栽那天，从挖树，到运输，再到栽树，所有程序都是按照要求完成的。栽上后，浇了水，施了肥，还在树干上挂了营养液——这是保证移栽古树成活所必须的。

这棵枝繁叶茂的香樟树深受人们的喜爱，它成了小区的名片。但是，渐渐地，香樟树越来越蔫巴，树叶泛黄，脱落，不久就死了。

学习取经的人仔细回顾了移栽过程，没有发现什么过错，找不出死亡原因，就去求教园林单位的专家。

专家围着死去的香樟树转了一圈，最后把目光盯在了营养液上。他指着扎进树干的针头说："问题出在这里。"

他接着解释："你们不该把针头垂直于树干，而应当斜着扎进去。"学习取经的人问："为什么？"他说："因为树干外层比较松软，而越往里越坚硬，不易于营养液的输送，所以，你应该明白为什么要斜着扎而不能直着扎了。"取经人恍然大悟，频频点头。

后来，按照园林专家的指导，又移栽来一棵香樟树，结果成活了。

两次移栽，程序一模一样，所不同的只是营养液针头的扎法。看起来很简单，却决定了两棵香樟树的命运。

往往，学了一辈子技术不一定有技术。为什么？因为没学到关键的那一点，而恰恰关键的那一点才是技术。

不可轻视的蚂蚁团队

亚马孙河流域有一种蚂蚁，叫行军蚁，没有动物敢小觑这些蚂蚁。听到行军蚁的风声，长翅膀的远走高飞，长腿的撒丫子逃遁，就连狮子、猎豹这样的凶猛动物也都闻风而逃了。来不及逃的就躲起来装死，大气都不敢出。不然，遭遇战之后，昆虫鸟类、老鼠蛤蟆等小型动物就会尸首不剩，大型动物顷刻间就只剩一堆白骨。当地的居民，即使再凶猛的野兽都不怕，唯独怕行军蚁，他们叫它们食人蚁。

小小蚂蚁为何如此令人令动物闻风丧胆？一只蚂蚁当然不足惧，让人和动物惧怕的是，这种蚂蚁总是浩浩荡荡的大部队行动，每个团队足有一两百万只。行进中，它们始终齐心协力，不离不弃，逢山开路，遇水搭桥，密切配合。遇到小沟壑，它们就抱成一团，像球一样滚下去，连接到对岸，形成一座蚂蚁桥，让大军通过。遇到更宽的沟壑，前面的蚂蚁会毫不犹豫地冲下去，直到将沟壑填平，让大军通过。这样，有些蚂蚁会被水冲走，丢掉性命，但是没有一只蚂蚁退缩。面对如此团结且有战斗力的强大团队，谁还敢小觑呢！

一个见过行军蚁的人说，虽然一只蚂蚁非常小，一滴水就会把它冲走或者淹死，但是它们组成的团队实在太强大了，没有什么东西能阻挡它们，倒是它们会所向披靡，战无不胜。

我们常爱用“像踩死一只蚂蚁一样”来形容做一件事简单容易，充分说明蚂蚁是多么不堪一击，对蚂蚁的轻视可见一斑。

然而，看到这里，你还会轻视那些小小的蚂蚁吗？它们是小，但它们很强大。你可以轻视它们中的一员，但绝不可以轻视它们的团队。

配花满天星

到花店买花篮，花店的女主人很快就选好鲜花插好了，华贵、漂亮，我很满意，可她并不给我，说还没有完成，让我再等一会儿。她说:“对不起，作配花的满天星用完了，新进的正在路上，估计再有 10 分钟就到了。”

我说：“这样我就很满意了，配花不就是陪衬吗？无所谓。”

她正色道：“可不能这样说，不搭配配花的花篮是不完美的。”

说话间，外面车响，新来的鲜花到货了。还没等卸完车，她就抽出了满天星。

打开包装，铺散开来，只见，星星点点的小花，娇小玲珑，雪白朴素，真像满天繁星。单独存在，并不显眼，也不漂亮，可当女主人将它们插入花篮之后，整个花篮释放出了异样的华彩，在它们的陪衬下，主花更加生动丰满、光彩夺目。

见我欣喜，女主人不失时机地向我介绍起了满天星。

她说，由于满天星样貌平平，不引人注目，曾经一度处于花开花落无人问津的状态，即使现在，也都是作为配花使用，从来不作主打花，可是，主打花只有陪衬了满天星才有意义。比如，用红玫瑰陪衬满天星表示“情有独钟”；用康乃馨陪衬满天星表示“温馨慈祥”；用勿忘我陪衬满天星表示“友谊永存”……

她继续说，满天星虽然从未当过主角，可主角与它一起存在才相辅相成、相得益彰。现在，任何一家花店都离不开满天星了，它如今已经跃居世界十大鲜花之列，与玫瑰、郁金香、康乃馨等平起平坐了。

我想起了满天星的花语：配角，及纯洁的心灵。是的，从不夺人风采，却彰显了自己独特的风格和魅力；始终烘托别人，却一样拥有崇高的荣誉和地位。

人心的远与近

新任经理刚到任不久，就遇到了上访事件。

那天，他正在办公，忽然听到楼下吵吵嚷嚷的，从窗户上向外一看，只见大门口围了足有几十人。那些人被一根很醒目的红绳分割成内外两部分，里面是保卫人员和信访办的工作人员，外面是上访人员。

经理要下去看看。办公室主任说："经理，您不用去管他们，有信访办的人应付就行了。"

经理不满地说："你说什么？怎么能应付呢？"

办公室主任说："您刚来，不太了解情况，这种事情已经不是一次两次了，从来不用经理出面，每次都是信访办的人去处理。"

经理问："怎么处理的？有结果吗？"

办公室主任说："有结果他们就不来了，实在没什么好办法处理。"

经理不再理会办公室主任，匆匆下楼去了，办公室主任只好紧跟在后面。

见到经理出来了，吵闹声又激烈了起来。红绳外面的上访人员言辞激烈，红绳里面的信访办人员劝说大家不要吵闹，赶快回家去，保卫人员则维持着秩序，不让上访人员越过红绳，进到里面来。

经理径直朝红绳走去，眼看要碰到红绳了，办公室主任说："经理，您就在这里讲话吧。”

经理看都没看办公室主任一眼，一把扯掉了红绳，走近了上访的人群。

红绳里外的人都愣了，刚刚还群情激愤的场面，顿时变得鸦雀无声。片刻，爆发出了热烈的掌声。

一个上访职工握住经理的手说："不管我们诉求的结果如何，您能扯掉警戒绳，来到我们中间，说明您有诚意，我们就很感动了。”

人心就是这样，戒备，越来越远；感化，越来越近。

首先赏玉，其次赏雕

马学武先生是著名的国家级玉雕大师，他最得意的作品是《灵芝瓶》。

当年，他以130万元的高价买下了一块110公斤重的和田玉原石，经过5年的酝酿和构思之后才开始创作，又经过3年的精雕细琢，才得以完成了这件高51厘米、重2.5公斤、壁厚只有4毫米的《灵芝瓶》。2007年参加中国玉雕"天工奖"的评选，一举荣获金奖。刚刚获奖，就有人出价3500万元，可他没卖。他说以后也不会卖，他想自己永久收藏。

当《灵芝瓶》摆在面前时，你就知道什么叫晶莹剔透、天生丽质、优美圆润、独具匠心和出手不凡了。虽然这件作品造型非常简约，却通体闪耀着年轻和生命的质感，其油润、光洁和细腻的程度不亚于娃娃的脸蛋。作品除了瓶肩部雕了两个大灵芝和瓶盖上雕了两个小灵芝之外，整个瓶体和其余所有部位不再有任何雕刻痕迹，全是精心打磨的光面。

记者采访马先生时问："瓶体上这么多空白，为什么不雕刻些人物、山水或者花鸟等图案增加观赏性？"我脑子里也萦绕着相同的问题。马先生却回答："赏，首先是赏玉，其次才是赏雕。不能因雕而喧宾夺主，破坏了玉独有的韵味。"

马先生的话很有哲理。玉石——不仅仅是玉石，不经过雕琢展示不出辉煌，然而，过度雕琢也必将失去自己的本色。

瞬间创造的完美

每当看到精美的琉璃制品我都艳羡不已，除了艳羡作品的精致漂亮之外，特别艳羡制作者高超的技艺。我想，他们一定是经过了耐心的精雕细琢才达到如此完美的。待到看了琉璃的制作过程之后我才知道，完美的琉璃作品，是不容你长时间精雕细刻的，相反，你必须在一瞬间打造完成。

那天，琉璃制作大师给新收的徒弟上课，现场演示琉璃的制作。他首先从熊熊燃烧的炉膛里取出经过 1400 摄氏度高温后已经熔融的琉璃坯料，然后使用工具，采用拉、摁、捻、揉、刮等手法进行造型。只见他动作敏捷，技法娴熟，达到了炉火纯青的地步。随着他一个个眼花缭乱的动作，仅用了 1 分多钟的时间，一匹栩栩如生的奔马就完成了。

徒弟很惊奇，激动地说："哎呀！没想到这么快就完成了，真棒！"大师说："必须在 1 到 2 分钟之内完成，否则，冷却变硬之后就无法造型了。"

徒弟接着问："如果造型过程中出现问题怎么办？"大师说："没有办法。出现任何失误都会留下缺陷，致使报废。"顿了顿，他接着说："所以说，琉璃作品必须一气呵成，瞬间打造完美。"

征得大师同意，徒弟也从炉膛里取出一块熔融的坯料，想试一试。可任凭他怎样操作，连任何像样的形状都没弄出来。徒弟对大师说："看着您制作起来那么灵巧，可到我手里却是这么笨拙。"大师说："看起来是一瞬间的事情，其实并不那么容易。我干了30年，才达到今天这个样子。你一个新手，没有4到5年的历练，怎么可能在瞬间成功呢？”

我静静地琢磨着大师的话。其实，我只看到了大师在瞬间打造了完美，却不曾看见为了这一瞬间他所付出的努力。

逃跑就会成为猎物

非洲水牛是群居动物，它们脾气暴躁，攻击性强，是非洲草原最危险的动物之一，就连草原之王的狮子都惧怕它们三分。但是，它们却常常成为狮子的猎物。

黄昏，一群非洲水牛一边吃草一边悠闲地前移，不料，不知不觉进入了狮子的领地。

见到有美味送到嘴边，4 只饥肠辘辘的狮子一阵惊喜。然而，面对 100 多头庞大的水牛，它们不敢轻举妄动，力量对比太悬殊了。

毕竟美味诱人，狮子舍不得放弃，虎视眈眈地注视着水牛。水牛则自恃强大，也不退却，瞪大牛眼盯着狮子。水牛和狮子谁都不后退，谁也不敢贸然进攻，站在原地对峙着、僵持着。

过了很长时间，终于，有一头水牛胆怯了，回头跑了。这下，就像决了堤的洪水一样，所有水牛都转身逃窜起来。

这正中狮子的心意。与强悍的水牛面对面，它们无计可施，害怕水牛用尖利的角戳穿它们的肚皮。但是，对于逃跑的水牛，它们就无所畏惧了，凭着速度优势，它们很快就能追上水牛，只要爬上牛背，将其放倒，卡住喉咙，就会将其置于死地。

非洲水牛群虽然壮观，但逃跑却是各顾各，结果，跑在最后的一头老牛被狮子追上放倒了。4 只狮子齐心合力，很快就将这头水牛开膛破肚，当作晚餐了。

可悲的水牛，不知它们是否明白这个道理：逃跑就会成为猎物。

伪装的鲉鱼

海底世界风光无限，特别是那些奇形怪状、色彩斑斓的珊瑚礁，把海底打造成了海洋动物的天然乐园，几乎所有的海洋动物都喜欢这里，它们在这里尽情地畅游，欣赏风景。

但是，有一种鱼却与众不同，似乎对这里的风光并无兴致。它不像其他的鱼虾一样四处游动，而是一直保持静止不动。它的身上长满了斑点，颜色和形状与周围的珊瑚礁几乎一模一样，就像珊瑚礁的一部分。由于它一动不动，不仔细看，根本就分辨不出它是鱼还是珊瑚礁。这种鱼叫鲉鱼，一种善于用伪装来捕获猎物的鱼。

虽然鲉鱼一动不动，但它的眼睛一直在盯着过往的"游客"。

一条小鱼过来了，优哉游哉地游动，它只顾高兴了，并没想到这么美丽的地方还隐藏着危险，它已经处在杀机四伏之中还不知晓。

小鱼快到鲉鱼的嘴边了，突然，鲉鱼迅猛出击，只用四分之一秒的时间就一口将小鱼吞下。小鱼根本没来得及反应，就已经葬身鱼腹了。

鲉鱼完成猎杀之后，又一动不动地潜伏起来，身边又恢复了平静，像什么也没有发生一样。平静中，鲉鱼又在等待下一个猎物的到来。

欣赏风景的时候，别忘乎所以，说不定身边就有悬崖峭壁；平静之处别贪图安逸，说不定那里就暗藏杀机。因为，伪装很容易造成蒙蔽。

在伤害处长出一朵花

海南的黄花梨是极其名贵的木材，是制作高档家具的上好材料，用它制作出来的家具都是上乘佳品，而且极具收藏价值。带有“鬼脸”的黄花梨更是其中的佼佼者，被视为佳品中的珍品，价值连城，受到了世人的推捧。

那么，你可知道那所谓“鬼脸”是怎么来的呢？其实，那就是黄花梨木受到伤害之后留下的结疤。

海南地处沿海，常遭台风袭击，所以生长在风雨飘摇中的黄花梨不是被扭曲，就是被折弯，甚至被折断。尽管如此，也阻挡不了黄花梨的成长，只不过，为了弥补伤害，受伤处的纹理发生了变化，长出了非正常的纹路，形成了各种各样惟妙惟肖的图形，有的像动物，有的像植物，有的像人物，形态各异，丰富多彩，形象逼真，十分迷人。这就是人们俗称的“鬼脸”。

原来，黄花梨的“鬼脸”是经过了无数风风雨雨，经历了多灾多难之后形成的伤疤。然而，就是因为这伤疤，才让黄花梨更加名贵，更具魅力，以至成为文人笔下的素材，成为收藏家推崇的对象。

在伤害处长出一朵花，伤害就不成为伤害，而是上天的恩赐。

大树下的月季花

老科长爱花，尤爱月季花。

在办公楼前，老科长开出了3米见方的一块空地，垒了一个简易花坛，栽上了十几株月季花。由于他的精心护理，当年就开出了粉红、紫红等各色各样的花，鲜艳漂亮，人见人爱。老科长高兴得合不拢嘴，一有机会就下楼观赏、护理。

月季花一年比一年开得盛，自春天一直开到深秋，长盛不衰，一连4年，花越开越多，一朵一朵地挤成了摞。直到冬天花谢之后，老科长还忙活着剪枝、护理，他说为来年攒攒劲。

但到第5年，花开得不再那么旺盛，一年年渐渐地少了，枝叶也越来越萎缩。老科长侍弄得比原来还上心，可一点不见效，好像他攒的劲没发挥作用，心里急得火烧火燎的。

老科长请教花农，花农来后围绕花坛转了一圈，只说了两个字:“砍树。”

原来，老科长在栽花的时候在花坛旁边栽了一棵小树，现在小树长成了大树，树冠遮挡了阳光，影响了花的开放和生长。所以花农建议砍树。

老科长也很喜欢这棵树，因为夏天他可在树荫下边乘凉边赏花。他不舍得砍，只是砍去了一些枝杈，透出了一些阳光。但不久树又长得枝繁叶茂，花儿终究没再像原来那样繁盛，直到老科长退休依旧如此。老科长失望地离开了他喜爱的花坛。

接替老科长的新科长也是一个花迷。到任后，他毫不犹豫地砍了树。第二年春天，月季花又比着个似的开了起来。

有些东西是需要蔽荫的，而月季花则须生长在阳光下。若要花开得旺盛，必须砍掉蔽荫，给它充足的阳光，否则，花再多的精力也无济于事。生活中许多事情就是这样，该舍弃的一定得舍弃，只有这样，才能得到想得到的。

草坪根系

休闲的时候，许多人都爱去广场，有的跳广场舞、有的滑旱冰、有的抖空竹、有的踢毽子、有的吹拉弹唱……而我尤爱静坐在广场的草坪上，放眼绿油油的草色，闻着扑鼻的清香，体验心旷神怡的感觉。

那天，我又来到广场。远远看去，几个园林工人好像在推着机器修剪草坪，可走近一看，却不是剪草，而是在打孔。他们推着打孔机走过的地方，留下了一个个孔洞，孔洞边沿露出了土壤，好像绿地毯上出现了破洞。我站在旁边看了半天也不知何意。

趁园林工人休息的时候，我问："师傅，你们这是在干什么？"师傅回答："打孔。"如此简洁的两个字不能解我心中疑惑，只好再问："好好的草坪，为什么要遍地打孔呢？"这回，师傅给我做了详细解释。

原来，草坪在经过一段时间的生长及使用后，土壤会变得紧实，小草的根系会越来越密，致使土壤透气性能变差、吸水性能降低。久而久之，小草就不能正常生长，甚至死亡。而打孔的作用，就是要松动致密的根系，疏松板结的土壤，以增强透气性和吸水性，改善小草的生存条件，给根系再生的空间，让草坪重新焕发出生命的活力。

草坪如茵，是因为其有发达的根系。然而，如果任其发展，不及时采取措施，则势必成为自取灭亡的祸根。

画是用脚画出来的

绘画大师徐悲鸿先生在北平艺专给学生讲授素描课，来到绘画室，他扫视了大家一眼，然后微笑着说："画是用脚画出来的。"

正在画架前作画的学生个个一脸茫然，没明白先生的意思。

徐先生接着说："请大家都把画架向前移动。"学生们都按照先生的意思向前移动了画架。这样，原本靠近墙根的画架与墙拉开了距离，也给作画者拓宽了活动空间。

徐先生满意了，他解释说："作画，要少动笔，多用眼，就是多看。不但要近距离看，更要远距离看，近距离看局部，远距离看整体。所以，就要经常在画架前前后左右地走动，只有走动，才能看清细节，看清全局。你们把画架放置得那么靠墙，怎么能走动得开？又怎么能画出好作品？画完一幅画，双脚不知道要在画架前来来回回地走多少路，因此我说，画是用脚画出来的。"

听了先生的解释，学生们恍然大悟。原来先生不但是在教给他们作画的技巧，更是在教给他们学会观察的重要性。

肩扛巨人的人

2011年，IT界相继陨落了两颗巨星。一个是苹果帝国的创始人兼CEO斯蒂夫·乔布斯，另一个是“C语言之父”丹尼斯·里奇。

10月5日，乔布斯离世，引起了全世界的关注。乔布斯公司的产品如苹果电脑、苹果手机几乎销到了世界的每一个角落，那个被咬了一口的苹果到处可见，乔布斯的名字如雷贯耳，几乎没有人不知道。

仅隔3天，10月8日，里奇去世。与乔布斯去世形成鲜明对照的是，除了科技资深人士做出反应之外，几乎看不见公众对他的哀悼之词。芸芸众生，没有人知道里奇是谁啊！

其实，里奇是编程领域的传奇式人物，他对这个世界的影响更大。他开发了计算机编程C语言，被誉为“C语言之父”。他还利用这种语言研发出了Unix操作系统。在互联网上，几乎所有的东西都要用到C语言和Unix操作系统。没有这些，乔布斯的所有苹果产品都将是一堆空壳，毫无用处。所以有人说，乔布斯是巨人，而里奇是用肩膀托起乔布斯这个巨人的人。无疑，他也是巨人。

那么，为什么乔布斯大名鼎鼎，而里奇却默默无闻呢？

有人说得好，乔布斯是“有形之王”，而里奇是“无形之王”。意思是说，乔布斯制造出了深受公众喜爱的产品，能让人看得到，而里奇创造的技术虽然公众天天用得到，但是看不到。

好比舞台，人们记住的都是登台露脸的角儿，谁还关心后台的人？但是不要忘了，没有后台的支撑，再有名的角也出不了彩。

昆虫的“夜总会”

葛芋花是一种奇特的植物，无论白天还是黑夜，不管环境如何变化，它的花朵总能保持恒定的温度，一般维持在38摄氏度左右。比如，外界温度20摄氏度时，它的温度能达到40摄氏度。即便大雪纷飞的日子，它也热力四射，构建出一个温暖的花房。因此，植物学家把它称为温血植物。

葛芋花的这一特性受到了许多昆虫的欢迎。

夜晚，气温下降，但葛芋花却暖烘烘的，虽然没有霓虹闪烁的招徕，却有因产生热量而散发的气味吸引“顾客”。忙碌劳累了一天的昆虫循着气味来到了这里，钻进花房，一探究竟。啊，太棒了！不但暖和，还有花蜜享受呢。于是，它们在此唱歌、跳舞、休憩、安睡，还到一个个“包间”串门，好似进入了“夜总会”。天亮之后，睡醒的昆虫们飞出温暖的花房，又开始了一天的新生活。

孰料，这些“夜总会”的常客，来来往往，无意间替葛芋花传授了花粉，保证了葛芋花的繁衍和生存。

自然界里，无论植物、动物还是人类，竞争很激烈，生存很残酷，但生存方式却很精彩。给别人提供温暖，别人才能给你创造机会，这才是葛芋花的价值所在。

自信，因为没有依靠

早晨，我在人行道上疾走晨练，前面一个盲人在盲道上行走。他步伐坚实、自信，丝毫看不出有什么犹豫不决或止步不前。

我突发奇想，学着他的样子走走盲道。我踏上盲道，先朝前方看看有无障碍物，然后闭上眼睛，静思片刻，确定没有问题之后才开始迈步。

开始的几步很稳健，但走着走着，就左摇右晃，感觉脚下没根，生怕脱离盲道。走了约 10 步时，开始心中惶恐，脑袋发蒙。我极力往前走，但步幅越来越小，脚步也越来越不稳当，感觉马上就要撞上障碍或者掉进沟壑。

实在坚持不住了，我赶紧睁开眼睛。前面坦坦荡荡，并无一物，我也并未脱离盲道。我明白是心理作怪。我一连试了几次，最多的一次也没有超过 20 步。道路固然平坦，但我总是感觉不踏实，像走在空气里一样。

我很感慨，人家盲人不只是走直道，还走弯道，况且，不是任何地方都有盲道。阳关大道，羊肠小道，不论什么道，不管有什么坎坷，他们都能踏实地走过。他们是怎么做到那么自信而坚定的呢？

一天，我碰上了按摩店的盲人师傅，闲聊时向他说起了我的疑问。他笑着说：“因为你有一双健康的眼睛，而我们没有啊！”

他没有解释，我也没有多问，可我心中已经有了答案。我的不自信，是因为有依靠；盲人的自信，是因为失去了依靠。

世上没有下脚料

秦小姐到南方出差，趁机去看望当地的朋友。

她朋友是做首饰加工生意的，加工厂的院子里乱七八糟地堆满了杂七杂八的碎木头，木头上覆盖了一层尘土，连本色都看不出来了。秦小姐想当然地问："这么多柴火，冬天生炉子用的吧？"朋友笑着答道："你太不识货了，把宝贝当成柴草。这可是我们专门从家具厂收购的下脚料，是加工手串的材料。"

秦小姐吃惊地问："你门头房柜台里那些漂亮的手串就是用这些又破又脏的下脚料做的？"朋友说："是啊！虽然它们是家具厂的下脚料，却是我们的主要原料。别看它们现在又破又脏，加工出来就得另眼相看了。"

见秦小姐好奇，朋友说："这样吧，我送你一副手串。现在由你自己从这堆碎木里挑选一块，我让工人师傅给你当场加工，看完后你就不再好奇了。"正当秦小姐要挑选木料的时候，朋友又说："不过呢，这堆下脚料不是从一个地方收购的，其品质也是不同的，有的是上好的材料，有的只是普通材料，不经过加工，谁都辨别不出来，今天就看你运气了。"

秦小姐挑好了木料，与朋友一起来到了加工车间。经过车削、打磨、钻孔、抛光等几道工序的加工之后，一副崭新、漂亮还星光点点的手串展现在了面前。秦小姐惊呼："哎呀！真好！"师傅笑呵呵地问："哪里好啊？"

秦小姐答道："漂亮啊！"师傅大笑，朋友则说："就知道漂亮，你知道是什么材料的吗？"秦小姐说："不知道啊！"朋友说："今天你的运气真好，手气也不错，竟然挑到了金星紫檀。这可是很名贵的上等货色啊！以后可别再看不起这些下脚料了啊！"说完，朋友笑着把手串戴在了秦小姐的手腕上。

被埋没，下脚料就是一堆柴火；被开发，下脚料也是一块宝贝。世上或许本就没有下脚料，只是被埋没了而已。被埋没的，恐怕不是下脚料，而是我们的眼睛，是我们的思维。

第三辑

爬到山顶去赏花

爬上山顶后，
首先想做的不是登顶的炫耀，
也不是无休无止的抱怨，
而是浏览山下的风光，
欣赏山腰的美景，
一草一木都能咂摸出味道来。

爬山犹如人生，
任何成功都不值得炫耀，
再大的付出也不必抱怨，
最佳状态就是学会体味、懂得欣赏。

“大拿”输给了“老外”

老林是钳工高级技师，论技术，是公认的“大拿”。公司有一台从国外引进的大型设备需要检修，所以就把带班主修的重任交给了老林。

因为这台设备结构复杂，技术要求精密，又是初次解体检修，为了慎重起见，公司请来了制造厂的外国专家进行技术指导。

经过半个多月的时间，设备检修完毕，一次开机成功，而且运转非常平稳，各项参数全部在优良的范围之内。

我见到老林时，他深有感触地一连说了几个“细节”。

“设备解体拆卸时，我从机体里取出部件，像往常一样拿着油漉漉的部件就要离开机体，可被‘老外’拦住了。‘老外’拿起棉纱，擦拭干净部件上的油之后才让离开机体，他说：‘不能让部件上的油滴落在机体外，否则会污染环境的。’

“当我拿着擦拭干净的部件向地上放时，‘老外’又立刻在地面铺上了塑料布。他说：‘这样可以避免部件的损伤。’

“设备回装时，我按程序上紧螺栓，平时我们都是这样干的，按照规程也没错。可是‘老外’却让我每上紧两圈后用尺子测量一下再继续上紧，循序渐进，逐步到位。‘老外’说：‘这样才受力均匀。’”

老林接着说：“对于‘老外’的做法，开始我并不以为然，可后来，我感到自己输了，而且心服口服。论技术，‘老外’不见得比我们高明多少，但他们的认真态度的确让人钦佩。如果说‘老外’高明的话，那他们就是赢在了细节上。我们在细节上输了，太应该反思了。”

老林的一席话，让我也颇有感触。在许多方面，我们之所以技不如人，一个很重要的原因就是不注重细节。细节，我们不是做不到，而是没去做。

24 瓶假酒的高昂代价

家住美国佛罗里达的亿万富翁威廉·科赫先生爱好收藏，尤其对红酒情有独钟，每逢有红酒拍卖会他都会参加，并不惜重金拍得中意的红酒。

2005 年，春暖花开的一天，他从电视上看到了纽约曼哈顿一个拍卖会的公告，其中拍品就是他钟情的红酒，而且是 24 瓶，还是年代久远的高级红酒。

接下来，他对公告的红酒进行了认真的研究。红酒的主人叫埃里克·格伦贝利，从主人提供的信息资料来看，这些红酒是真品无疑。他欣喜异常，随手拿起电话告知秘书，拍卖会那天不要安排任何事情，他要亲自去参加竞拍。

拍卖会那天，他早早地从佛罗里达赶到纽约，按时来到了拍卖现场，迫不及待地等候那 24 瓶红酒登场。

终于，拍卖师登场了，接着，24 瓶红酒也登场了，全场出现了一阵骚动。拍卖师开始叫价，竞拍者接二连三地举牌，最终以 32 万美元落槌成交，拍得者当然就是科赫。

当晚，趁着余兴，科赫邀请酒友博尔顿来家欣赏他的胜利果实，并开启一瓶共同品尝。博尔顿可是个品酒专家，他端起酒杯闻过之后抿了一小口，不禁皱起了眉头，他摇着头说：“老伙计，你上当了，这个酒不是真品。”科赫说：“你开什么玩笑，资料明明介绍是真品，怎么可能是假货？”博尔顿认真起来，对每一瓶酒进行了检查，他终于发现了破绽。他拿着一瓶酒对科赫说：“你看，这上面的标签不是原件，而是复制品。”当头一棒让科赫兴致全无。

他不想把事情闹大，免得自己丢面子，但也不甘忍气吞声，就与格伦贝利协商私下解决。断断续续协商了两年多也没有结果，他终于忍不住了，气愤地说：“我要告他去。”

2007年，科赫一纸诉状将格伦贝利告上了纽约市曼哈顿联邦地方法院，指责他虚假宣传拍卖品，存在欺诈行为，要求退还他支付的32万美元购酒款。

然而，格伦贝利以拍卖时双方都接受了拍品品质为由拒绝退还。

法院经过马拉松式的漫长鉴定和调查取证，2013年4月12日审理了此案，认定格伦贝利售假和欺诈罪名成立，判决他向科赫退还32万美元，并赔偿1200万美元。

科赫说，他将用1200万美元赔偿款成立一个基金会，专门用于打假。

如此严厉的惩罚，我们或许难以想象。难以想象，这或许也就是假冒伪劣泛滥的原因之一。让假冒伪劣制造者付出高昂的代价，看谁还敢以身试法？

巴菲特只有一套二手房

美国股神沃伦·巴菲特是全球屈指可数的富豪之一，其拥有的财富曾经一度超过比尔·盖茨，成为世界首富。即使参与各种慈善捐助，捐出了大量财富之后，他至今仍排名世界第三。我们或许会认为，一个富可敌国之人一定拥有很多房子。其实，他只有一处住宅。

1958 年，年仅 28 岁的巴菲特在家乡内布拉斯加州的奥马哈市花 3.15 万美元买了一处住宅，总面积 550 平米，是一座建于 1921 年的旧房子。从此，他就在这里安家落户，生儿育女，运筹帷幄，以至成为叱咤世界资本市场的风云人物。

按说，成为富豪的他应该换房子了。可是，他没有这样做，而是一直住在这里。

时至今日，与周围邻居的别墅相比，巴菲特的这栋房子显不出任何豪华，相反，给人的感觉非常普通，甚至还有些寒酸。

这栋灰色的二层小楼，距离路边三五米远，没有围墙，没有铁门，没有院子，没有防盗网，也没有警卫和监控设施。我们很难想象，这就是世界著名富豪的房子。

至今，已经 55 年过去了，巴菲特已经 83 岁了，他仍然住在这里，也许这里就是他最终的归宿了。

为什么不换一套更奢华、更气派、更现代化的房子？

巴菲特解释说：“我在这里生活得很幸福，如果我认为在其他地方生活会更快乐，我想我会搬家的。但我不知道为什么拥有更多的房子就会让我变得更快乐？这座房子冬暖夏凉，非常适合我，我无法想象还有哪里是比这里更好的家。”

舍有百间，夜寝一席。幸福的标准因人而异，或许，在巴菲特看来，能有一套让自己感到舒适、快乐的房子便已足够，而这也才是他最好的房子。

不打自沉的“航空母舰”

1625年，瑞典国王古斯塔夫·阿道夫下令建造一批航速快、火力强、装饰华丽的新式战舰，以显示瓦萨王朝的军力、财力和权力，称霸波罗的海，确保欧洲强国的地位。“瓦萨”号是其中最大的战舰，舰长69米，排水量1210吨，舰上有64门大炮、133名船员和300名士兵。在当时，无异于“航空母舰”。

为了建造“瓦萨”号战舰，国王从荷兰请来了著名的造船师亨利克·赫伯特任总工程师，并且由国王自己亲自监造。

“瓦萨”号于1626年初动工了。虽然国王把造船的任务交给了赫伯特，但是要求完全按照他的意志行事，动辄就要求增加这个、修改那个，而且不管是否合理，只要他提出了，就要按照他说的去做，不得违抗。面对性情暴躁的国王，赫伯特很无奈，在骨架已经安装好的情况下，不得不按照国王的要求增加了战舰的长度。

1627年，战舰还没有造完，赫伯特因病去世，缺乏经验的海因·雅各布森接替了总工程师的工作，由他主持建造。恰恰此时，国王得到情报，丹麦建成了双层炮舰。随即，他命令雅各布森，把原计划建造的单层炮舰改建成双层炮舰。这样，不但战舰的长度增加了，高度也增加了，力压丹麦，成了当时装备最精良、火力最强大的战舰。

“瓦萨”号终于建成了，为了尽早下水，连必要的测试程序都省略了。1628 年 8 月 10 日，斯德哥尔摩码头风平浪静，整装待发的“瓦萨”号准备首航。人们翘首以待，一睹这艘世界顶级战舰的风采。

国王也驾到。他神采奕奕，脸上挂满了笑容，心中充满了激动，因为这艘他亲自监造的“航空母舰”着实令他骄傲，令整个瑞典骄傲。

随着国王的命令,“瓦萨”号启航了。国王和岸上的人们一样,欢欣鼓舞，喜笑颜开。然而不幸的是，“瓦萨”号还没驶出人们的视线，就被一阵风浪毫不费力地掀翻，进而沉没了。国王脸上的笑容一下子凝固了，人们也一个个被惊得目瞪口呆。

究其原因，是因为增加了战舰的高度，却没有增加压舱物体的重量，导致重心上移，舰体不稳，最终倾翻。

深层次原因，恐怕离不开好大喜功的国王刚愎自用、不切实际的瞎指挥。瞎指挥，不用敌人动手，自己就会把自己打败。

不给面子的“老外”

经过近一个月的检修，从国外引进的大型设备成功启动，运转平稳。来华指导检修的外国专家向参加检修的工人师傅竖起了大拇指。

外国专家很感动，他告诉翻译，要自费请中国工人吃饭。按照惯例，翻译列出了包括领导、工人代表等在内的宴请名单。谁知外国专家看后毫不犹豫地删掉了领导，加上了没有列入的工人师傅。他说：“我只请参加检修的工人师傅。”

宴席订在市里最好的酒店。宴席开始不久，电视台的记者闻讯赶了过来。摄像记者把镜头对准了酒桌，外国专家向镜头微微一笑，打出了“V”字手势，表示检修大获成功。

紧接着，记者把话筒举到了外国专家面前，专家只说了一句话：“中国工人，好样的！”完后，笑着推开了话筒。

无奈，记者把话筒举到了一个工人师傅面前，这个工人师傅对外国专家严细认真的作风称赞有加。接着，话筒又举到了另一个工人师傅面前。外国专家有些不悦，他让翻译告知记者，就此打住。他说：“今天是请工人师傅吃饭的，不是接受采访的。不然，会影响工人师傅吃饭。对不起！”

真是个“老外”，不懂“规则”，不识“抬举”。但是，他最懂得实事求是，最知道谁该得到尊重。

广场与小街

这是一个非常气派的广场，大理石地面，音乐喷泉，五颜六色的灯光，五彩缤纷的花卉，绿油油的草坪，是人们休闲、娱乐、跳舞、健身的理想场所。建成10年来，每天都吸引了无数的市民。由此可见，市民对这个广场是非常钟情和满意的。

距离广场不远，有一条不宽不长的小街，小街两旁的商铺鳞次栉比。由于车辆的碾压，街道已经坑坑洼洼，行车都得小心翼翼的，否则一个搞不好，就会蹭了底盘。晴天尘土飞扬，雨天泥泞难行，市民总是抱怨：都十几年了，怎么就没人管管？

有一天，漂亮的广场被推土机彻底推翻了。市民疑惑：这么好的广场怎么说毁就毁了？得到的答复是：要建一个更好的广场。果然，半年后，一个更漂亮的广场建成了。

再看不远处的那条小街，却依然坑洼如故，甚至还有越来越破烂不堪的趋势，但是却并没有人想起它，或许它根本就被眼睁睁地遗忘了。

广场依旧熙熙攘攘，小街依旧人来人往。

市民叹息：唉！就会锦上添花，怎么就不会雪中送炭呢？

两种母爱

认识一位母亲，她对女儿的爱让人唏嘘。

从女儿出生到牙牙学语，她一直不肯让女儿离开怀抱，生怕女儿哭一声。

从女儿上幼儿园到高中毕业，她每天坚持接送，生怕女儿有什么意外。

从小到大，她从不让女儿干家务，衣服帮女儿洗，主意替女儿出，能帮女儿想到的，她都做到了，女儿几乎成了衣来伸手、饭来张口之人。

女儿上大学远离了她，却因不会洗衣服而打电话向她诉苦。

女儿结婚了，却因不会干家务而且好吃懒做闹到了离婚的地步。

她哭了，哭得很伤心。

近日看《动物世界》，是有关北极熊的。

怀孕后的北极熊早早地进到了洞里待产。冬天，两只小北极熊出生了，每只也就 1 斤多重。由于严寒的冬季没有食物，妈妈完全靠体内的储备给宝宝喂奶。宝宝每增加1斤，妈妈就减重3斤。即便痛苦，但看到宝宝的成长，它也很开心。

来年春天，经过数月的喂养，宝宝长到十几斤了，可以四处活动了，它这才领着宝宝走出洞口。此时，它已经非常虚弱，但是，为了宝宝的营养，它要寻找食物，补充体能，以便更好地照顾宝宝。

任凭宝宝缠绕、戏耍、撕咬，它都很温顺地爱抚着宝宝，但绝不允许调皮的宝宝远离视线，因为宝宝还没有自我保护的能力。直到宝宝两岁多，它始终没让宝宝离开自己半步。

它对宝宝很温柔，但却将捕获的猎物交给宝宝，开膛破肚，让宝宝见识血腥的场面，教给宝宝捕杀的本领。

宝宝快 3 岁了，它认为宝宝具备生存的能力了，就毅然决然地将宝宝推向了大海，让宝宝自己去独闯天下。

像上面那个母亲一样的母爱不少，看似有情，实则有害。

动物的母爱，几乎都像北极熊一样，看似无情，实际往往让孩子成为又一个王者。

有时候，我们真该向动物学习。

莫言的幸福

著名作家莫言获得2012年度诺贝尔文学奖之后，央视的《面对面》节目对他进行了专访。40多分钟的访谈中，尽管他略显疲惫，但是始终不乏真情、朴实、幽默和魔幻的风格。

当主持人董倩借用央视正在进行的随机采访活动的口吻笑问莫言“你幸福吗？”时，莫言随口答道:“我不知道。”在董倩的追问下，莫言说:“幸福就是什么都不想，一切都放下，身体健康，精神没有任何压力。我现在压力很大，忧虑重重，能幸福吗？但是我要说不幸福，你就会说太装了吧，刚得了诺贝尔奖能不幸福？”

的确像莫言所言，作为中国大陆第一个获得诺贝尔奖的人，了却了几代中国人的心愿，让国人不再为此纠结，成为历史的创造者，怎么能不幸福？用我们任何一个常人的眼光来看，这无疑是一生最大的幸福。

但是，从莫言真诚的回答中，我们隐隐感觉到了他的无奈，或者说是他所谓的“不幸福”。

诺贝尔文学奖公布之前，对莫言的褒奖和非议充斥网络。“一厢情愿”说，“贿赂”说……各种嘈杂的声音不绝于耳。看了那些无聊之人的污言秽语，莫言即使再大度，心中也难免添堵。你说，这能让他幸福吗？

获奖结果公布之后，亲朋好友祝贺，街坊邻居围观，领导登门看望，网络围追堵截，记者们的“长枪短炮”轮番轰炸，各路大军铺天盖地地向他的家乡涌来，家乡高密的那间小屋都快被挤破了。本来他是想躲进偏僻的家乡躲避喧嚣图清静的，没想到弄得四邻不安、鸡犬不宁，他也不得不马不停蹄地接待、接受，疲于奔命。能算幸福吗？

接下来，他不属于自己了，各种活动已经给他安排得满满的，而且不由得他不参加、不出席。不能按照自己的意愿做事，他怎能幸福？

现在，全国出现了“莫言热”，估计各种花样百出的事情还会没完没了，而且不知何时是了。

在接受董倩的采访时，莫言多次说他很惶恐，希望这股热风赶快过去。当《面对面》节目接近尾声时，董倩问他：“你的希望是什么？”他不假思索地说：“结束采访。”董倩说：“好！满足你。”他会心而且开心地笑了，笑得那么幸福。

最大的幸福，对于一向低调的莫言来说，或许并不是获得了什么奖，拥有了多少钱，罩上了多么耀眼的光环，而是漫步在故乡的高粱地，或者安坐在故乡那间破旧的小屋里，去构想更多脍炙人口的小说。

爬到山顶干什么

休闲或旅游的时候，总爱与同伴爬山。有的山容易爬，有的山则很难爬，有些人就半途退缩了。然而，不管多么艰难，总有一些人非要爬到顶不可，我就是其中之一。

爬到山顶之后干什么？我注意观察并总结了一下，大概有这样三种人。

第一种人，欣喜若狂，仰天长啸，高喊："我爬到山顶了，我胜利了，我成功了！"第二种人，气喘吁吁，蹲在地上，哀叹："累个半死，出一身臭汗，山顶上光秃秃的什么也没有，图什么呀？"第三种人，心花怒放，喜笑颜开，轻吟："啊，山下的风景多么迷人、多么漂亮啊！"

最初，我是第一种人。爬上山顶后，不管不顾，似乎天下唯我独尊，大有"一览众山小"之势，恨不能炫耀出自己的伟大来。

后来，我成了第二种人。爬上山顶后，闲情逸致荡然无存，唯一的感觉就是疲惫，甚至后悔不该登顶，抱怨山上无景色。

现在，我是第三种人。爬上山顶后，首先想做的不是登顶的炫耀，也不是无休无止的抱怨，而是浏览山下的风光，欣赏山腰的美景，一草一木都能咂摸出味道来。

爬山犹如人生，任何成功都不值得炫耀，再大的付出也不必抱怨，最佳状态就是学会体味、懂得欣赏。

让人“顶包”顶掉了前程

2003年，阳春三月，英国伦敦东部的埃塞克斯郡春意盎然，海滨、泰晤士河又迎来了旅游观光的人群，克里斯·休恩与妻子普莱斯也加入了这个行列。休恩驾车拉着妻子一直从北部的海滨游玩到南部的泰晤士河，好不惬意。

或许游兴过浓，休恩驾车超速了，被警察抄下了车牌号码，需要接受处罚。为了避免吊销自己的驾照，他求妻子“顶包”，妻子普莱斯同意代为受过，把3点的罚分记在了自己的名下。

事情就这样悄然过去了。2005年，休恩顺利进入议会，2006年和2007年两度竞选英国自民党党魁，虽然惜败给了尼克·克莱格，但却成了自民党巨头之一，一个重量级的政治人物，2010年担任了内阁能源部部长，可谓仕途不可限量。

然而，2011年，风云突变。首先是家庭的变故，他与妻子离婚了。接着，由于妻子的告发，8年前那次超速“顶包”事件遭曝光，被炒得沸沸扬扬。迫于无奈，2012年2月，他辞去了能源部部长的职务。

谁知，这还不算完，警方指控他当年不如实认错，混淆视听，是妨碍司法公正的行为。警方在进行了为期8个月的司法调查之后，以充足的证据确认了他妨碍司法的罪名。在进行了一再的辩解、抵赖之后，在公正的法律面前，他不得不低下头来，表示认罪。

认罪之后，2013 年 2 月 3 日，58 岁的休恩提出了辞去议员职务的请求，这意味着他的政治生涯就此结束。更为严重的是，他面临着入狱服刑的牢狱之灾，这项指控的最高刑期可达终身监禁。

许多同僚都对他表示惋惜，曾经是竞选对手的副首相尼克·克莱格表示“震惊和难过”，首相卡梅伦则对他的工作给予了高度评价，对他的功绩进行了充分肯定，并对他的领导才能深表赞许。然而，对于自己手下爱将的遭遇他也爱莫能助，能做的只有祝他卸任后生活快乐。可见，出了事的休恩，谁也救不了了。

在我们看来，“顶包”之事没什么大惊小怪，在我们周围也并非少见，何况是堂堂议员和部长，更何况是 10 年前的事情了，再去追究有点不近人情和不可思议。也许，正因为缺乏人家这样的“不近人情”，我们才会觉得不可思议。

司机小杨

小杨是个火暴脾气，开车时也好与人较劲，虽然他技术不错，可坐他的车总有些提心吊胆。

大概在一年前，我坐他的车外出办事，他把车开得飞快。我让他慢点儿，他倒也听话，随即把车速减了下来，但没有变道，仍然在快车道上行驶。后车一再鸣笛，他才不情愿地上了慢车道。

谁知超车的那位也不是省油的灯，超过他的车之后，别了他一下。他的火气一下子蹿上来了，边骂边猛踩油门超过了那车，然后狠狠地别了一下，致使那人来了个急刹车。完后，他带着“胜利的笑容”疾驰而去。

我不满他的做法，他却凶巴巴地说:“那王八蛋找死。”我没再多说什么，心里说，你不也在找死吗？我曾经劝告教育他多次，他根本没往心里去。

近日我又坐他的车去医院看望一个病号。我发现，他开车稳当多了，不像原来那样火烧屁股似的猛蹿了。行进途中，有车辆超车，他立即减速躲让，有车别他，他也并没像以往那样骂骂咧咧，更没再超过去别车。

我笑说：“这可不是你的风格啊！”他很认真地说：“他别我是他的错，我再去别他可就是我的错了。”接着，他又笑着说：“别老用老眼光看人，咱认识总要提高不是？”我们俩都会心地哈哈大笑。

自己认识的提高，胜于别人千遍万遍的说教。

为10年后着想

10年前从国外引进的大型机组进入了大修周期，因是首次大修，公司极其慎重，制订了严密的检修方案，还从瑞士聘请了专家来华进行技术指导。

专家叫威士猛，50多岁。来到工厂后，他顾不得停歇，首先审查了检修方案，然后进入现场指导工人检修。

虽然他的工作名义上是技术指导，但实际却成了检修指挥官，一切步骤、要领、要求都要听他的指挥，他让怎么干就得怎么干，他让干到什么程度就得干到什么程度，否则，他决不认可。

开始，检修工人对他的“死板”和“苛刻”极不适应，难免有些意见不一致的情况，在对一个部位进行检修的时候就出现了分歧，缘由是因为一个螺丝。

这个螺丝，由于锈蚀以及灰尘结垢等，检修工人拆卸了几次都没能拆卸下来。主修师傅认为，这个螺丝无足轻重，不拆修也绝对不影响运转，就决定不拆了。

可威士猛不同意，要求必须拆下这个螺丝，口气不容商量。他说：“我是为了10年后的下一个检修周期着想，如果这次不拆下来，10年后，锈蚀、结垢会更严重，拆卸将更困难。所以，这次务必拆下来，而且务必清洗得干干净净，涂抹防锈剂后再复位。”

主修师傅开玩笑说：“10 年后我就退休了，下一次检修还不知道谁干呢。”

威士猛很认真地说：“10 年后我也退休了，可我们现在做的工作就是要为后人提供些方便。”

功在当代，利在后世。一个螺丝就是很好的启示。

小刘和他儿子

那天早晨，我来到早市，在早餐摊位排队买油条。

排在我前面的是小刘和他七八岁的儿子。我们俩经常见面，没有什么新鲜的话题可说，只是东一句西一句，打发排队的时间。

这时，我发现了一个乞丐。他是一个残疾老头儿，就在离早餐摊位不远的墙根下。他没有双腿，只能侧卧着。人来人往的，似乎没有人注意到他，没有人向他施舍一口。大街上，这种以乞讨为生的人太多了，或许，人们已经熟视无睹了。

小刘的儿子问他爸爸："爸爸，那个人怎么不回家吃饭？"

小刘说:"他可能没有家了，是专门要饭吃的。一会儿，我多买点油条，你给他送过去。"

儿子说："那么多人从他身边走都没给他，我们凭什么要给啊？"

小刘说："帮帮他吧。你不愿意帮助别人吗？"

儿子说："愿意。爸爸，你买吧，我去。"

很快，我们都买好了油条。小刘多买了两块钱的，单独装好，递给儿子，嘱咐说："去吧，要叫爷爷啊！"

儿子说："一个要饭的，我才不叫呢。"说完就要走。

小刘一把拉住了儿子，说:"好孩子，一定要叫，不叫你就不懂礼貌了。"

儿子点头答应，给乞丐送油条去了。

我对小刘说："你真行，对个乞丐都这样热心帮助，还这样讲究礼貌。"

小刘说："对乞丐的帮助是一方面，另一方面，我是为了教育孩子，从小就要懂得助人，懂得礼貌，要有爱心。"

小家伙蹦蹦跳跳地回来了，高高兴兴的。显然，他像完成了一项神圣的使命，内心是快乐的。

我赞许小刘，他是在培养儿子，更是在培养一种风气，一种品德。

有　钱　了

前几年，我乘坐的班车上的收音机每天都播放这个段子："有钱了，俺天天吃油条喝豆浆，吃一根扔一根，喝一碗倒一碗。"把车上的人乐翻了天，无不调侃那个吃油条喝豆浆的"有钱人"是个白痴，说他是吃饱了撑的，有钱烧的。

几年过去了，大家收入提高了，手里都有钱了，原来那些乘坐班车上下班的许多人都买车，不再坐班车了。好家伙，那车一辆赛一辆，你买手动挡的，我买自动挡的，你买低配的，我买高配的，一个个比着来似的。轮到一兄弟买车了，他当然不甘落后于人，对外观、内饰以及各项性能指标都有要求，他还特别看重车速，他说："必须能开到 180 公里每小时以上。"我说："这又何必呢？车越好价格越贵啊！"他手一扬说："嗨！咱不差钱。"我说："不是钱不钱的问题，关键是开快了危险，再说在高速路上限速最快不能超过 120 公里每小时，在市区里像蜗牛似的想开快也开不快，多余的性能不是浪费吗？"他没听我的建议，还是买了辆跑车，我摇头叹气。可又一想，人家买主愿意买，我叹哪门子气？

买房也有同样的问题。现在，人人都喜欢买大房子。大房子敞亮、气派，住进去舒适，显得有派，有谁不钟情？前段时间一位大姐就为买房纠结了。她原来住一套 80 平米的福利房，20 多年了一直"安然无恙"。有钱了，却感觉住着别扭了，闹心了，似乎一天都住不下去了，就决定买大房子。她在一小区看中了两套房子，一套 120 平米，一套 160 平米，在决定买哪套上她纠结了。按说，她只有一个孩子，而且孩子在外地工作，家里只有两口子，住原来的福利房已经很不错，最多买下 120 平米的就到头了。可她纠结来纠结去，最终还是买下了 160 平米的大房子。我调侃她："恐怕有些房间得闲置起来，你这不是浪费资源吗？"她仰着头说："俺有钱，俺愿意。"有钱难买愿意，我也是吃饱了撑的，瞎操心。

有钱了，改善一下生活质量，提高一下生活档次，多好的事啊！可这不禁又让我想起开头的那个段子。当时，大家都取笑那个吃油条喝豆浆的人，殊不知，自觉不自觉的，我们也常常做出那样的事，成了那样的人。

装 裱 偶 感

十几年没进过装裱店了，近日因要装裱一幅书法作品，来到了久违的装裱店。

接待我的是一个中年女人，她看过我的书法作品之后问："是镶框还是绫裱？"我回答："绫裱。"

我知道装裱是项技术活，还是慢工夫，一幅作品没有十天半月的是不可能装裱完成的，况且下雨阴天的还不能操作。由于受台风的影响，这些日子连阴天，我想装裱需要的时间肯定短不了，虽然不着急，我还是问了一句:"需要多少天？"她说:"3 天。"我有些吃惊，张口就说:"怎么可能啊？原来装裱都是需要很长时间的啊！"她问我："您有十几年没装裱了吧？"我想了想说："嗯，有十多年了。"她笑了，说："怪不得呢，你以为还是手工装裱呢，早就改机器了，半自动的，我这里都改 10 年了。"

我原来爱好书法，经常光顾装裱店，自从十多年前放弃书法之后，再也没来过装裱店，十多年来的变化一无所知，我的思维竟然还停留在十多年之前。

记得有句歌词：不是我不明白，是世界变化快。我想倒过来说：世界变化快，怕就怕落伍了还不明白。

大虾怎么吃

大虾，各家有各家的吃法。白灼大虾、油焖大虾、椒盐大虾、桑拿大虾……种种吃法，洋洋洒洒，还要怎么吃？别误会，笔者说的不是这个意思。请让我介绍两种吃法，你看如何？

大阳的吃法。前些年，单位效益好，每逢年节职工都会分几斤大虾。稀罕之物，大阳两口子舍不得吃，省着给宝贝儿子吃，还对儿子谎称自己不爱吃，儿子幼小的心灵里留下了爸爸妈妈不爱吃虾的烙印。独生子女，这也难怪。大阳每次只做两只大虾，全部给儿子吃，儿子很爱吃，连汤都不剩。多少年来一直这个习惯，渐渐地，儿子长成了大孩子。一次，大阳把仅剩的三只大虾一勺烩，全做了。仍然给儿子两只，剩下的一只大阳随手夹给了妻子。儿子用异样的眼光瞅着大阳："妈妈不是不爱吃虾吗？"

小阳的吃法。弟弟小阳与大阳相反，每次做大虾都做三只，妻子、儿子和自己每人一只，时间长了也成了习惯。有时妻子加班不回来，儿子总会嘱咐爸爸："给妈妈留一只。"

有人说大阳对孩子娇生惯养，也有人说大阳爱子之心可嘉；有人说小阳没有爱心，还有人说小阳教子有方。

看来，大虾怎么吃并不那么简单。一反一正，这个简单的难题存在了何止百年千年，不知您会选择哪种解法？

剪短蚂蚁腿

蚂蚁是低智动物，而且它们的视力范围非常小，近在咫尺都看不见。但是，它们的记忆力很强，不管出行多远，总能凭借沿途的气味原路回到自己的家。最奇妙的是，它们能记住出行的步数，返回时以此准确找到家。

为了验证，德国科学家做了一个实验。

科学家先找到了一个蚂蚁洞穴，然后，在距离洞穴 10 米远的地方放置了食物，将蚂蚁吸引过来，把它们悉数抓获。接下来，把抓获的蚂蚁分成三组，第一组蚂蚁的腿被剪短了 1 毫米，第二组蚂蚁的腿被接上支柱加长了 1 毫米，第三组蚂蚁的腿保持原样。

准备工作做好后，将三组蚂蚁分别释放，然后观察它们回家的表现。结果，短腿蚂蚁只走了 5 米就开始找家，长腿蚂蚁走了 15 米才开始找家，只有保持原腿长度的蚂蚁走了 10 米后就顺利找到了家。

可见，蚂蚁是依靠步数来估算行程的。显然，剪短或加长蚂蚁腿，虽然还是走了那些步，但步幅却发生了很大变化，不可能再回到原始位置了。

那些傻乎乎的蚂蚁，看起来有些可笑，但这是蚂蚁的智商使然。我们不能要求一个低智动物具有人类一样的智慧，可必须要求高智商的人类不出现像蚂蚁这样的笑话。

可打扰，别骚扰

小泉的微信朋友圈里朋友很多，他是圈里的活跃分子，隔三岔五的，或者发个视频供大家观赏，或者发张图片让大家养眼，或者发个段子博大家一乐，给大家增添了很多乐趣。他也得到了大家的喜欢，几天不见他的微信，圈里人就会问："怎么没动静了？死机了？"他回复："发多了怕打扰你们，让你们烦。"圈里人说："我们不怕打扰，不烦。"

但是，在后来的日子里，小泉还真惹烦了圈里人。

小泉有份体面的工作，近来，业余还推销起了保健品。这下可好，逮住了朋友圈朋友多的优势，不管上班下班，几乎天天向朋友圈里群发广告，介绍保健品的功效。

刚开始的时候，圈里人还山呼海啸般祝愿他生意兴隆通四海、财源茂盛达三江，可后来渐渐就不理他了，架不住天天收到同样的广告，浪费资源，消耗精力，视觉疲劳，谁受得了啊！

一天，几个圈里人碰面了，一个说："小泉真烦死人了，天天发那破广告。"另一个说："是啊！晚上睡觉了还骚扰。"第三个说："碍于朋友面子也不好说他，真没办法。"又一个说："怎么没办法？我已经把他拉进黑名单了。"大家就这样心照不宣地纷纷把小泉拉进了黑名单，开除出朋友圈。

朋友，可打扰，别骚扰。打扰，没关系；骚扰，拉黑你。

信　任

2010年，我肾上的囊肿已经长到80多毫米，必须手术切除了。妻子建议我到省城医院手术，单位领导也提出要为我联系省城医院，可我却婉拒了他们的好意，选择了我们公司的职工医院。

说实话，公司医院是家企业医院，是不被看好的，曾经遭到许多患者吐槽。不是我多么高尚，但作为一个企业员工，我还是有理由相信本企业医院的。

我的主刀大夫叫王荣海。我刚入院，他就来到了我的病房。我仔细打量了他：个头不高，偏瘦，白白净净的，长相没什么特点，唯一特殊的就是他始终笑眯眯的。

接下来，是一系列的检查。我问："什么时间手术？"王大夫笑着说："着急还是担心啊？"

我不担心，可妻子却担心。手术前夕，她准备了一个红包，趁王大夫值班的时候悄悄送给了他。没想到，始终笑眯眯的他却没了笑容，正色对妻子说："大姐，我理解你的心情，可你要相信我啊！我需要的不是金钱，而是我的手术成功，看到病人解除痛苦后的笑脸。"

手术那天，我躺在手术台上，等待麻醉。王大夫温和地对我说："不用紧张。"我开玩笑说："已经上'案板'任你宰割了，紧张又怎样？"王大夫也笑着说："一会儿全身麻醉，你什么都不知道了，就当美美地睡一觉吧。"

两个多小时，手术很成功。等我醒来时，已经在病房里，浑身插满了管子，病床旁边放置着各种监控仪器，王大夫正在观察。我想说话，可麻药劲儿还没过，只张嘴却说不出声音来。王大夫说："手术很成功，保证一周后你就能上班了。"

住院期间，王大夫每天都来看望我，查看刀口，询问情况，嘱咐相关事项，亲自为我换药，亲自拔导尿管……每一个细节都那么仔细、认真、周到。

由于王大夫和其他医护人员的精心护理，不到一周，我就出院了。出院那天，王大夫来为我送行。我对王大夫说："太感谢你了，等我恢复了一定请你吃饭。"他却说："谢谢你的盛情，但吃饭就免了。你能相信我们，就是对我们的最大支持和感谢啊！"

妻子拿起朋友送的花篮对王大夫说："借花献佛，这个花篮你不会拒绝吧？"他说："好！好！这个我收下。"说完，他开心地大笑起来。

王大夫拒绝世俗，却把信任看得很重。我想，信任就是对他最好的尊重。

淹不死的河马

河马虽是水陆两栖动物，但大部分时间都在水里，包括吃喝拉撒、交配、生产、哺乳等许多环节都在水里进行。除了夜间上岸睡觉，它们白天很少上岸，尤其是艳阳高照的白天。这是因为河马的皮肤非常敏感，若暴露于空气中，水分蒸发量大，得不到水的润泽，不能及时补充水分，离水时间长了，皮肤就会干裂，身体就会脱水，遇到阳光的照射尤甚。另外，河马体型巨大，体重足有 1.5 吨，而四条腿却很短小，与庞大的躯体很不相称，长时间在陆地上行动很难承受沉重的压力，而在水中则可以借助水的浮力承受部分体重，以减轻腿的负担。所以，河马平时总是待在水里，只让眼睛、耳朵和鼻孔露出水面。

按说，水中动物没有不会游泳的，但河马却是个例外，它们不会游泳。那为什么淹不死呢？原来，河马虽然不会游泳，但它们却有独门绝技——潜水。它们能沿着河底行走 5 到 10 分钟不喘气，浮出水面换气后再潜入水底继续前行。必要时，它们甚至可以半小时不出水换气呼吸，还能在水下行走自如。正因为有此本领，所以从来就没有河马被淹死的先例。

没有考究河马是因为不会游泳而学会了潜水，还是因为会潜水而不去学习游泳。不管如何，是因为它们掌握了一项足以生存的本领才能在水中游刃有余，生生不息。

第四辑

开给世界看的花

我还是不懂，

又问他：“反正你也看不见，有必要天天把眼镜擦得那么干净吗？”

他说得很认真：“我是看不见，可世界看得见啊！眼睛已经丑陋了，

可不能再让人看到一个脏兮兮的丑陋眼镜啊！”

我彻底明白了，

他不但要为人解除病痛，

还要让人赏心悦目，

所以他如此重视眼镜。

眼镜对于盲人来说并不是摆设，

而是开给世界看的花。

开给世界看的花

因颈椎疾患，我第一次走进了这家盲人按摩诊所。

诊所只有一个盲人按摩师。我进来时，他正在擦拭眼镜，一副黑色的墨镜。听到有人进来，他停止了擦拭，很熟练地往眼睛上戴。正当眼镜快要挡住他的眼睛的瞬间，我看到了他的眼珠，浑浊、灰白，还有血丝，仿佛两个旧玻璃球装在眼眶里，没有一丝光泽。

他开口了:“来了，按摩吗？”我肯定地回答了他。他让我趴在按摩床上，为我检查。他说不太严重，按摩一个疗程即可，也就是 10 次，每次半小时。

他的手法很好，感觉柔和且有力量。半小时下来，我感到很舒服，颈椎的不适缓解了许多。

第二次来，他仍然在擦拭眼镜。我来后，他戴上眼镜。我盯着他的眼镜注视了片刻，只见眼镜被他擦得一尘不染，亮闪闪的。我好纳闷，对于盲人，眼镜已经是个摆设了，至于擦得那么干净吗？

后来，几乎每次来，只要没有生意，他差不多都在擦拭他的眼镜。由于熟悉了，我也就不忌讳什么了，就问他:“你的眼睛能看见一点儿？”他说:“全瞎了，一点儿也看不见。”“那你戴眼镜有什么用呢？”我接着问。他说:“给别人看的，让人看到我这双与众不同的眼球，多恐怖啊！”他笑了，还挺风趣。

我还是不懂，又问他："反正你也看不见，有必要天天把眼镜擦得那么干净吗？"他说得很认真："我是看不见，可世界看得见啊！眼睛已经丑陋了，可不能再让人看到一个脏兮兮的丑陋眼镜啊！"

我彻底明白了，他不但要为人解除病痛，还要让人赏心悦目，所以他如此重视眼镜。眼镜对于盲人来说并不是摆设，而是开给世界看的花。

把创意融进梦想

1998年，麦迪逊·罗宾逊出生在美国得克萨斯州的加尔韦斯顿岛。像所有天真的孩子一样，刚会拿笔的时候，她就信手涂鸦，到处乱写乱画，以至墙上、家具上，甚至被子上都被她用彩笔涂抹得五颜六色。看着自己的杰作，她不顾妈妈的呵斥，还“咯咯”地笑出声来。

稍大些后，妈妈带她去离家不远的水族馆玩耍，里面的海洋生物一下子吸引了她，她太喜欢那些可爱的家伙了。回来后，凭着记忆和想象，她画出了那些海洋生物的图案。当然，图画都是孩子气的，有的憨态可掬，有的造型夸张，很像是动画图案。妈妈见了一阵惊喜，一个劲地说：“宝贝，画得好！画得真好！”

得到了妈妈的鼓励，她更是一发不可收，几乎每天都要画上几幅。

8岁那年，妈妈给她买了一双粉红色的拖鞋。妈妈认为很漂亮，可她却噘着嘴说：“什么图案都没有，一点儿都不好看。”说着，她拿起彩笔在一只拖鞋上画了章鱼，一只拖鞋上画了螃蟹。拖鞋一下子灵动了起来，她拿起来向妈妈炫耀：“这样多好看啊！”

可是，毕竟是画上去的，经不住水的浸洗，不久，画在拖鞋上的图案就不见了。她想，要是永不褪色该多好啊！小朋友一定喜欢。从此，设计出一款小朋友都喜欢的拖鞋的梦想在她的脑海里扎下了根。

2011年，她13岁了，她的梦想实现了。她设计出了带有各种海洋生物图案的人字拖鞋，而且还在上面安置了LED灯，穿在脚上走起来闪闪发光。她还在每双拖鞋上挂一个标签，标签上配有她的照片，以及她是如何想出这个点子的介绍。

她的产品不但受到了孩子们的喜爱，也得到了成年人的喜欢，别看25美元一双的价格不菲，零售商还是纷纷订货。

2013年，15岁的麦迪逊·罗宾逊仅用两年时间就成功售出了6万双她自己设计的人字拖鞋，销售额高达120万美元。小小年纪的一个小姑娘，已经成为百万富“姐”，支付自己今后的学费绰绰有余。

成功不在年龄大小，而在你是否具有梦想，富有创意。把创意融进梦想，梦想就会变成现实。

被鸟儿叨了一口的鱼

杨注根是养鱼人，他的鱼塘常有水鸟光顾，偷吃鱼塘里的鱼。有的鱼被吃掉了，有的鱼被咬伤后逃生了。一天，他发现了一条与众不同的鱼。因为他养的是鳙鱼，而这条鱼虽然也是鳙鱼，但形状已经大不相同。与正常的鳙鱼相比，它头大、背高、身短、体阔。仔细观察，他发现这条鱼的背部曾经被鸟儿叨过。他确信，这是被鸟儿咬伤后畸形生长的结果。

他不想鱼目混珠把这条鱼卖给顾客，却也舍不得扔掉，就拿回自己家做着吃了。让他没想到的是，一家人都说这条变形的鳙鱼比普通的鳙鱼肉质更好，味道更鲜美，他自己也感觉到了。

他灵机一动，如果把鱼塘里所有的鳙鱼都变成这种鱼，那是多大的商机啊！

自从有了这个念头，他就放不下了，有空没空的都在琢磨怎样让鳙鱼变短增阔，横向发育。他常常想起那条被鸟儿叨了一口的鱼，他认为，那条鱼被鸟儿咬伤了脊骨以后，脊骨就不再增长了，鱼吸收的营养全部供在了长阔上，因此才长成了头大、体阔、身短的样子。弄懂了道理之后，他想用缩骨术来达到这个目的。

此后，他尝试着采用各种办法让鱼缩骨。功夫不负有心人，经过10年的潜心钻研，成功率从开始时的1%逐渐增长，一直增到100%，他完全掌握了让鱼缩骨长阔的技术，而且是独门绝技。他给这种鱼起了个名字——缩骨大头鱼。

经销商得知了这个消息之后，纷纷前来订购鱼苗，其价格是普通鱼苗的 10 多倍。每年，他仅靠卖缩骨大头鱼的鱼苗就收益 180 万元。

被鸟儿咬伤的鱼肯定不止这一条，发现这个现象的也肯定不是他一人，但抓住这个现象并变成商机的却只有他一个，可见他的与众不同。只有与众不同的人，才能让鱼也与众不同。

让“差”闪光

在汉斯·布林克尔还是学生的时候，有一年的暑假，外地的一个朋友来到他的家乡阿姆斯特丹市游玩，为了尽地主之谊，他夸口包住宿。可是，他找了一家又一家旅馆，都那么豪华、高档，自然价格不菲，最终，皆因囊中羞涩而不得不向父母借钱，才没有爽约。

此后，他发誓将来要投资一座专供学生和背包族下榻的旅馆。多年后，他的愿望果真实现了，他的“汉斯·布林克尔经济旅馆”开张了。

开张那天，他请来朋友参观。简陋的房间里，灯光昏暗，没有电视，只有简易的双层铁床，简易橱柜，卫生间装修极其简单，一个小小的洗脸池还没有热水，入住期间没有人给收拾床铺，打扫房间。唯一醒目的是在旅馆门口的霓虹灯广告语：没法更糟了，但我们将尽力。

朋友对汉斯·布林克尔说：“简直太差了，等着关门吧。”然而他却说：“我就是要做世界最差的旅馆，而且要让‘差’闪耀光芒。”

他不但不向豪华、高档发展，让旅客有宾至如归的感觉，反而着重打造“差”，可谓在“差”字上下足了功夫，他还让人可笑地打起了环保牌。在破旧的电梯旁立着一块牌子：为了低碳，请走环保电梯——楼梯；在服务台明确告示：为了节约资源，本店不提供热水；在客房里则告示：为了拯救地球，建议用窗帘擦身，以减少毛巾的使用次数。为了渲染旅馆的差，汉斯·布林克尔还专门出书，书名就叫《世界最差旅馆》。

40多年过去了，汉斯·布林克尔经济旅馆并没像他朋友预言的那样很快关门，反倒客源不断，生意兴隆，发展到了127间客房，511个床位。不仅因为每天只要22.5美元的低廉价格，更多的是因为他的宣传吸引了人们的眼球，满足了人们“一住为快”的好奇心。每天不但有背包族，还有成功人士，不但有本国人，还有来自世界各地的旅客光临。

凡是入住过该旅馆的人都切身体验了其差，但都没有抱怨，没有投诉，甚至对旅馆的诚实感到满意。因为旅馆有言在先：汉斯·布林克尔经济旅馆40年来一直以让旅客大失所望而自豪，为其舒适度堪与低度设防监狱媲美而无比骄傲。旅馆经理泰曼·勒瑟弗尔说：“客人们喜欢我们的幽默和嘲讽，然后，他们把期望值降到了最低。”

将卖点标榜在“差”上竟然赢得了成功，这有点儿不可思议，但也在情理之中，不失为出奇制胜的极好案例。差，向来不是人们的追求，但是，只要摸透顾客心理，做出特色，做出诚意，“差”里也会有闪光点。

让树洞五彩缤纷

2012年冬天，石家庄遭遇了历史上罕见的长时间的雾霾天气，昏天黑地笼罩下的城市失去了往日的容颜，人们处于极度压抑之中。然而，九中街上的一组树洞画则给这座昏暗的城市增添了一抹生动、靓丽的色彩。

树洞是树干上因虫蛀或机械损伤等慢慢形成的疤痕，不但平淡无奇，而且有些丑陋，还很容易藏污纳垢。谁能想到，就是这些从不被人待见的树洞竟被打造成了一道亮丽的风景？

打造这道风景的是一个叫王月的年轻女孩，一名视觉传达专业的大四学生。为了打消雾霾天气的压抑，使这个冬天灵动起来，王月想到要做点什么。她的特长是画画，于是，她就拿起了画笔。

不过，她的画不是画在宣纸上，也不是画在画布上，而是画在了树洞上。她先将一个个树洞里的灰尘和脏物清理干净，然后用环保染料在一个个树洞上作画。她的画笔过后，奇迹出现了，原本死气沉沉的树洞活了起来，或山水，或花鸟，每一个树洞的画都不一样。活灵活现的小松鼠、小猫咪、小浣熊、小鸟等小动物似乎要从树洞里爬出来，栩栩如生的山涧小溪、海上红日似乎向外喷发着涛声和光芒……

一时间，这些树洞画像一股和煦的春风温暖了街道，给暗淡的城市带来了一丝亮光，引来无数路人驻足观看、欣赏。甚至连宠物狗都把那些惟妙惟肖的小动物当成了真的，还来找它们嬉戏呢。

压抑的人们笑了，阴沉的城市笑了。这些树洞画不但感动了路人，也感动了众多网友，被发到网上后，很快红透了网络，王月也成了红人，受到了热捧。

王月的初衷只是想让雾蒙蒙的冬天变得五彩缤纷，并没想扬名。没想到，她也随着自己新颖的创意而五彩缤纷起来，想不扬名都不行了。

一个好的创意，就有这样的效果。你让树洞五彩缤纷，树洞就会让你五彩缤纷。

疼了就唱

孙帅，人像他的名字一样帅。不是说他长得英俊帅气，而是他那张娃娃脸上一直笑意盈盈。

其实，出生在泰山脚下、今年32岁的孙帅是一个残疾人。童年，他与其他小朋友一样，欢蹦乱跳，天真烂漫，有着天使般的梦想。但童年是短暂的，何况，他的童年还没有度过，厄运就降临到了身上。9岁那年，他意外地患上了类风湿关节炎——人称“不死的癌症”。

父母千方百计到处求医，但是并不见效，反而病情一天天加重，手、足、腕等四肢多处关节严重变形，无法伸展，走路越来越艰难，上楼梯需要扶着栏杆或者有人搀扶才能慢慢地上去。最要命的是，钻心的疼让他无法忍受，疼得厉害时晚上无法入睡，轻轻的一床薄被盖在身上也会像压了一座山一样沉重。他心灰意冷，难以忍受肉体和心灵的痛苦，失去了活下去的勇气，想到了自杀。

在家人的照看和关心下，他没有走上绝路。虽然家庭条件困难，全家5口人挤在只有40平米的房子里，父母还是把更多的爱给了他，百般呵护他。懂事的弟弟把床让给了哥哥，自己睡沙发，高考时决意报考了医学院，他告诉哥哥：等着，我一定要学有所成，将来为你治病。

呵护、关爱和愿望只是一时的宽慰，却无法根除病痛对他的折磨，忍不住时，他就大喊大叫。喊叫声那么难听，他自己听了都难为情。为此，他想到了唱歌。每当疼痛难忍的时候，他就放开喉咙，大声唱歌，以此来转移注意力，缓解痛楚，排解烦躁。

久而久之，他爱上了唱歌，从吼叫似的唱，到开始天天练习发声，时间不长，就唱得有模有样了。重要的是，自从喜欢上了唱歌，他心中的抑郁和焦虑淡了，人变得自信了。唱歌，成了他对抗病魔的武器。至此，他的脸上不再是沮丧和失望，而是一直笑口常开。他的精神感动了一个叫刘娟的姑娘，她主动走进了他的生活，他收获了爱情。

在妻子的体贴和帮助下，他的歌唱得越来越好，在当地小有名气了。2012 年，山东电视台开办了《让梦想飞》节目，所有怀揣梦想的人都可以走上这个舞台。他报名参赛了，而且一路过关斩将，通过了海选，登上了从来都没敢想过的大舞台，并且获得了周冠军，最终杀进了十强赛。当他满脸笑容蹒跚着被人扶着走上舞台的那一刻，全场爆发了热烈的掌声。一曲快节奏的歌曲唱完之后，他的额头沁出了汗珠。他一边气喘吁吁一边风趣地说：“俺的娘啊，可累死我了。”主持人和现场观众被他逗得前仰后合。一首《父亲》不但唱哭了父亲，而且唱哭了现场的所有观众。

孙帅，长得并不帅，但他的歌声足以震撼你的心灵。在与病痛抗争的 22 个年头里，他找到了唱歌这个法宝，歌声给了他顽强的支撑和生活的信心。他说，疼了就唱，病魔就会退却，自己就会乐观。正因为抱有如此的人生态度，所以，他帅。

跳崖的白颊黑雁

格陵兰岛上栖息着大量的白颊黑雁，它们长着白白的面颊，黑黑的羽毛，极其漂亮。当然，它们也是野兽猎杀的目标。为了躲避野兽的捕杀，它们把巢建在了悬崖峭壁上。

一对白颊黑雁夫妻有了爱情的结晶，妻子产下了 5 枚卵，开始孵化，丈夫则在周围警戒，驱赶其他觅食的大鸟。

经过 20 多天的孵化，5 个小宝宝破壳而出。它们全身长着细密的绒毛，只几个小时就会蹒跚学步了。父亲和母亲守护在它们身边，看着它们跑来跑去。这让人有些不解，爸爸妈妈怎么不去觅食喂养孩子呢？

原来，白颊黑雁就是这样，它们不像其他的鸟一样叼来食物喂进小鸟的嘴里，而是领着孩子自己去觅食。

果然，看着 5 个孩子能欢蹦乱跳了，它们要带着孩子们到海边觅食了。然而，高高的悬崖峭壁，父亲母亲能够轻而易举地飞下来，但只有绒毛的小宝宝们还没长出飞翔的翅膀，无论如何也飞不起来，父亲母亲让它们从悬崖上跳下去。

望着陡峭的悬崖，小宝宝们害怕，没有一个敢往下跳。父亲母亲鼓励它们别怕，并做出样子，率先跳了下去，然后，在下边仰望，等待着孩子们。

看到爸爸妈妈勇敢的样子，小宝宝们终于鼓足了勇气，也一个接一个地跳了下去。虽然连滚带爬，可它们成功地来到了爸爸妈妈身边。

有 4 个跳了下来，还有一个在悬崖边上踱来踱去，无论如何都不敢往下跳。此时，早已觊觎多时的大鸨飞了过来，一口叼走了那只可怜的小雁。

无奈的父亲母亲只好领着 4 个孩子觅食去了。

有时候，面临危险，勇往直前才能觅得生路，畏葸不前就是死路一条。

一口喝出诺贝尔奖

病菌是让人唯恐避之不及的隐形杀手，而作为专门研究它的巴里·马歇尔教授却做出了让人大吃一惊的举动：把自己在实验室里培养的幽门螺杆菌培养液一口喝下了肚。

巴里·马歇尔 1974 年毕业于西澳大利亚大学医学专业，1981 年，正攻读研究生的他遇到了志趣相投的病理学家罗宾·沃伦。从此，两个志同道合的年轻人共同开始了对和胃炎一起出现的螺旋杆菌的研究。

1982 年，二人做出了幽门螺杆菌的初始培养体，并联合提出了关于胃溃疡和胃癌是由一种名为幽门螺杆菌的敏感细菌引起的假说。这可是一个具有挑战性的命题。因为之前主流学说认为胃溃疡主要是由于压力、刺激性食物和胃酸过多引起的。他们的理论刚一出炉，就遭到了普遍的不认同。科学家和医生嘲笑他们胡思乱想，马歇尔的论文遭到了学术研讨会和大学论坛的婉拒，就连导师都说他错了。

马歇尔没有气馁，他要证明他们的论断是正确的。为此，就出现了文章开头所发生的一幕：1984 年的一天，他一口喝下了试管里的幽门螺杆菌培养液。

5 天后，一个个症状接踵而来。冒冷汗、胃疼、进食困难、呕吐、恶心、口臭……10 天后，通过胃镜检查，马歇尔发现自己的胃黏膜上果然长满了这种弯曲状的细菌——幽门螺杆菌。他忘记了疼痛，异常惊喜，更加确信：幽门螺杆菌才是胃炎和胃溃疡的罪魁祸首。他近乎疯狂地向医学界科学家提出挑战：谁能证明我错了？

一时间，包括美国等许多国家的科学家接受了他的挑战，纷纷进行研究和试验，试图反驳他的理论假说。但是，令科学家们大跌眼镜的是，他们的研究和试验结果不但没有驳倒马歇尔的理论，反而更加证明了其假说是正确的。

终于，传统的观念被推翻，新的理论被认可。同时，幽门螺杆菌的发现也给胃病患者带来了福音，10 年后，马歇尔找到了胃溃疡的检查和治疗方法。这一发现，被誉为是消化病学研究领域里程碑式的革命。为了表彰他们对人类的贡献，21 年后的 2005 年，马歇尔和沃伦共同获得了当年的诺贝尔医学奖，分享了 130 万美元的奖金。

马歇尔曾说：“每个人都有被质疑的时候，也会因此心生恐惧，而此时唯一能够指引我们的，就是心底的声音——相信自己。”

成功于一块抹布

大成下岗了。他在单位是维修工，除了会修理设备以外别无所长。无计可施之下，他决定到街头摆摊儿修理自行车。

街头本来就有个修理自行车的摊位，已经安营扎寨许多年了，摊主是个老师傅。大成的到来，多了个竞争对手，老师傅当然不欢迎，但他自信，凭自己的手艺和多年的老主顾，这方天地还是他的，大成成不了气候。

开始，找大成修理自行车的顾客寥寥无几，一天也赚不了几个钱。他是个肯动脑子的人，他注意到：由于工作忙碌，生活节奏快，现在大多数人对自行车不怎么爱惜，不太注意保养，来修理的自行车大都灰头土脸，有的多少年都没有擦拭过。从此以后，大成准备了一块抹布，凡是来他这里修理的自行车，不管维修量多大，即使换一个气门芯，他都会认真地把自行车给人家擦得干干净净，链条该上油的还给上点油，顾客非常满意。渐渐地，他这边的顾客越来越多，而老师傅那边的顾客越来越少。老师傅服气了，拍着大成的肩膀说："小伙子有脑子，干得不错。"

两年后，大成盘下了一个店面，业务范围扩大到修理摩托车，还把老师傅拉过来入了伙。虽然气派了许多，但他始终没扔掉那块抹布，车子交给顾客前一定要擦洗干净。

最近，他的店面扩展，准备再招收几名工人，开展汽车保洁美容业务，成立自行车、摩托车、汽车联合维修维护中心。

开业之际，我前去祝贺。我对大成刮目相看，羡慕地说："你小子生意越做越大了啊！"大成客气地说："全凭朋友帮忙、顾客赏脸。"我问他有何诀窍，他坦率地说："哪有什么诀窍？我只不过是比别人多了一块抹布而已。"

想想他真是没什么诀窍，他的确成功于一块抹布，这块抹布擦亮了顾客的车，赢得了顾客的心。要说有诀窍的话，只是别人没想到，而他想到了，并做到了。

100元与100万元

一块不大的翡翠毛石，上面布满了棉点——像棉花一样的斑点。翡翠讲究质地纯粹，一块斑点就是瑕疵了，斑点遍布可谓重大缺陷了。所以，这块毛石无人问津。在业内人眼中，这是一块废料。

玉雕大师杨树明看到了这块毛石，只用100元钱就买了下来。其实，他也并没想过要做什么，毕竟是被人家挑拣剩下的货色。

晚上，就着灯光，他仔细观察，看看这块毛石能雕刻成什么物件。按照传统，需采用镂空的雕法，将棉点剔除。可棉点实在太多了，全部镂空不知成什么样子了。他端详来端详去，一时拿不定主意，就将毛石放到了一边。

一年以后，又是一个晚上，他又翻出了这块毛石，坐在灯下重新审视。他发现，除了棉点之外，这块毛石也有它好的地方，一些部位在灯光下还晶莹剔透呢。当他再次看着上面的星星点点之时，眼前突然一亮，一首唐诗从脑海中跳了出来，即刘长卿的《逢雪宿芙蓉山》："日暮苍山远，天寒白屋贫。柴门闻犬吠，风雪夜归人。"那些棉点多像漫天飘飘的雪花啊！何不把它们变成纷飞飘舞的雪花呢？

思路豁然打开了，他立即拿来纸和笔，即兴画了一幅雪夜深山投宿的图画。一个多星期后，一款高5.5厘米、宽4.8厘米、厚0.8厘米，取名《风雪夜归人》的挂件面世。这件作品精致完美，充满了诗情画意，成了他的得意之作。

几经辗转，这件作品最后被一名香港收藏家以 100 万元的高价收藏。如今，有人出价竟然高达 360 万元而求之不得。

为了追求完美无缺，我们往往剔除瑕疵和缺陷。不承想，巧妙地利用瑕疵和缺陷，也能变得完美无缺。雕琢玉器如此，雕琢人生也是如此。

365天跑366个马拉松

安妮特，丹麦的一个普通女人，2010年10月，她完成了自己人生的第一个马拉松，从此对马拉松“一跑钟情”。2012年，当她得知某男子创造了一年跑了365个马拉松世界纪录的时候，她有了一个梦想：我要跑366个，超过他。

2012年7月15日，她带着梦想启航了。从这天开始，她每天风雨无阻，清晨早早起床，每天用大约5小时，坚持跑完一个马拉松全程，然后开始一天的工作和生活。2013年7月14日，正好是一周年的日子，她已经跑完了364个马拉松，还剩下两个。这意味着，今天必须跑完两个马拉松才能实现自己的梦想。

清晨，她本想悄悄起床，悄悄出发，不打搅两个孩子和丈夫。可是，丈夫和孩子比她起得还早，他们一起出发了。来到起跑线，她亲吻了丈夫和两个孩子，在众多跑友簇拥下启程了。看着她的背影，孩子大喊：“妈妈，加油！”丈夫则说：“亲爱的，你一定会成功的！”

两个马拉松全程，两个42.195公里，多么漫长的征程啊！虽然是头一次跑这样长的距离，她却充满了自信，步伐非常坚实地向前跑着、跑着……终点就在眼前，她加快了步伐，脸上绽出了笑容。

经过10小时44分45秒，她冲线了。冲过终点后，她双拳紧握，两臂上举，满脸胜利和幸福的笑容——365 天跑 366 个马拉松的梦想，在她 41 岁的时候实现了，新的世界纪录诞生了。丈夫和两个孩子跑上前去，献上了美丽的鲜花，一家四口紧紧地拥抱在一起。

可有谁知道，2009 年她就被确诊患了神经致残性多发硬化症，治愈率只有 30%。由于药物副作用很大，她放弃了药物治疗，坚持跑马拉松。令人惊喜的是，现在，她的病竟然奇迹般地痊愈了。她深情地对丈夫和孩子说：“我就是要通过跑马拉松告诉你们，我爱你们。”

丹麦是童话大王安徒生的故乡，在童话王国，安妮特用爱和梦想书写了一个新童话。不！这不是童话，而是一个有爱之人的梦想抵达。

“抱怨”来的“拍立得”

1944 年夏天，美国马萨诸塞州的埃德温·兰德夫妇带着他们的小女儿去新墨西哥州度假，夫妇俩用一架老式相机为女儿拍了很多照片。兰德从相机里取出胶卷，准备去洗印，急不可耐的女儿争抢着胶卷要看照片。兰德慈爱地说：“宝贝，要经过洗印才能看到呢。”女儿问：“那要多长时间才能洗印出来呢？”兰德说：“要一个星期。”女儿噘起了小嘴，抱怨道：“啊！要那么久啊！怎么就不能马上看到呢？真扫兴。”

孩子的话虽然天真，可兰德却记在了心里，他突发灵感：对啊！发明一种能即时成像的相机该多好啊！

为了实现女儿的愿望，兰德从此致力于这种相机的研究，并且，终于在 3 年之后的 1947 年研制成功，这就是“拍立得”。

由于“拍立得”能即时成像，让人先睹为快，而且不必等将整卷胶卷拍完再去洗印等烦琐过程，所以，刚一上市，就轰动了世界。

当年，刚刚研制出来，兰德就用“拍立得”给女儿照相，快门一按，60 秒后，相机立马吐出了一张清新、漂亮的照片。女儿高兴地说：“太神奇了！爸爸太伟大了！”兰德则笑着说：“这是你 3 年前那句抱怨的结果。”

抱怨，能造成消极的影响，也能点燃灵感的引信。

魅力，在废墟上崛起

在德国慕尼黑，我们游览了奥林匹克公园。陪同我们的劳伦斯先生说，这里曾经是一个军用机场，二战时，盟军的66次空袭使慕尼黑遭受重创，几乎被夷为平地，这个机场也从此废弃。

1966年4月26日，当慕尼黑获得了1972年夏季奥运会举办权之时，虽然二战已经结束近21年，但整座城市还没有一座像样的体育设施，因此决定在这个废弃的机场上建造奥运场馆，设计的重任落在了本土建筑师君特·贝尼斯的肩上。

贝尼斯实地考察了这个机场，他见到的是这样的情景：坑坑洼洼，满目疮痍，杂草丛生，湾湾积水。虽然距市中心只有4公里，但这里却荒凉至极。特别是，1945年二战结束以后，市区被轰炸建筑物的残垣断壁都被运到了这里，堆起了一座长1300米、高60米的废墟山。

此情此景，让贝尼斯陷入了沉思：是填平补齐使其平平坦坦，还是顺势而建展现奇崛惊艳？是建一群只为了16天奥运会昙花一现的场馆，还是让这里成为民众永久的乐园？两个题目，他都选择了后者。几经思索，蓝图形成了，并给出了一个很亲和民众的名字：奥林匹克公园。

按照他的设计，不搬山，湾改湖，保持原有的地势地貌，顺其自然。经过6年的施工建设，一座独具特色的奥林匹克公园落成了。290米高的奥林匹克电视塔下，能容纳 8 万名观众的主体育场、有 1.4 万个座席的综合体育馆、游泳馆、自行车场、摔跤馆、举重馆、拳击馆……33 个比赛场馆星罗棋布，高高低低，错落有致。特别独具匠心的是，那些场馆的黑色人造有机玻璃帐篷结构式屋顶，像这里的地势一样，高低起伏，远远看去，似展翅的燕子，如澎湃的海浪，更像撒向大海张开的渔网。

1972 年 8 月 26 日至 9 月 11 日，第 20 届夏季奥运会在这里成功举办。奥运会后，奥林匹克公园成了市民休闲、游玩的绝佳去处，40 多年来，不但举办了许多体育赛事，迎来了众多体育健儿，更吸引了世界各地的无数游客。这里，绿草如茵，林木茂盛，湖光山色，曲径通幽。一句话：赏心悦目，美不胜收。我们徜徉其中，心旷神怡，流连忘返。

慕尼黑奥林匹克公园被誉为是一项令人激动的创新壮举，有人评价说：“不单是充满想象力的屋顶，关键是把自然界美景融入了体育建筑之中，而在赛后作为公园回馈给市民，整个建筑是属于市民的。”

一个好的创意，产生了空前的影响；一片废墟之上，崛起了经典杰作。毫无疑问，这项杰作的最好注脚是：根植民众，魅力永恒。

出发吧，趁还有现在

他的QQ名字：小小赵。2009年，大学毕业后，他与另外5个应届大学毕业生应聘来到一家工程管理公司。

刚刚报到，公司就安排他们跑客户，联系业务，建立客户群。大学毕业时，正是酷暑难耐的季节，他们一个个跑得汗流浃背，可几乎全军覆没，一无所获。有人抱怨："把一辈子的汗水都流出来了，每月才给1500元的薪水，还不够买冷饮的，不干了。"结果，2人离职了，而小小赵和另外3人坚持留了下来。

第二年，公司让他们干专业。一摞摞的图纸，一堆堆的数字，像大山一样压得他们喘不过气来。业务量巨大，而且时间紧，任务重，连上厕所都得一溜小跑。有人哀叹："过去资本家剥削工人也不过如此吧！累死人了。"结果，又有3人离职了，同来的6人只有小小赵咬牙留了下来。

第四年，公司竞选部门经理，小小赵是候选人之一。竞选演说中，他这样说："在公司3年的磨炼，我没有碌碌无为，而是走向了成熟……选择竞选项目经理，不是因为这项工作很简单，而是因为它很难。我选择的，就是迎着困难，奋勇前行。"结果，经过群众投票，考评组评议，公司经理拍板，小小赵脱颖而出，成功当选部门经理。

第五年，公司下达的任务指标加码，完成难度挺大。小小赵没有讲价钱，他坚信：只要肯付出，就一定有收获。他说："一个人的力量是有限的，团队的力量是巨大的。"他要求自己的团队：迅速行动，有效执行。结果，他的团队不但完成了指标，而且在公司所有部门中排名第一。因成绩优异，团队所有员工都得到了公司嘉奖，他的年薪涨到了25万元。

年终，公司召开总结表彰大会，让小小赵发言，介绍成功经验。会上，他说："其实，我并没感觉到什么成功，只是珍惜我的工作，在困难的时候没有放弃。"最后，他引用了自己的QQ个性签名：出发吧，趁还有现在。

带上马桶去旅游

毕业于哈佛MBA的云南姑娘张玫爱好旅游，她发现，国内大大小小的旅行社承办的都是大众旅游，高端旅游是条缺腿。因此，她毅然辞掉了著名的美国麦肯锡公司咨询师的工作，创办了碧山旅行公司，专门针对高端人士提供私人订制旅游。

与马不停蹄、走马观花、进店消费、景点乱照式的大众旅游不同，高端旅游另辟蹊径，不随波逐流，不去那些人山人海的热闹景区，而是专门选择幽雅清静的乡野僻壤，甚至那些人迹罕至的地方，主要是让客人体验闲云野鹤式的闲情逸致，达到赏心悦目、修身养性的目的。

订制高端旅游的主要是国外的高端人士。张玫有着多年的国外生活经验，她知道，老外习惯了坐马桶，不会蹲便，而远离城市的乡村厕所卫生条件差，没有马桶，客人肯定会为了上厕所而苦恼。想到这些，她决定：凡是去偏远的乡村旅游，必须为游客带上马桶，带上厕所。她的决定被工作人员很好地执行了，每到一地，首先做的第一件事就是搭建好临时厕所，安置好马桶，并配置好马桶垫。这个做法给游客留下了难以磨灭的印象，还成了哈佛商学院的经典教案。

给游客带上马桶，足见张玫的周到和细心。于是，她的业务源源不断，“石油大王”洛克菲勒家族、“投资巨鳄”巴菲特家族、联合国前秘书长安南、脸谱CEO马克·扎克伯格、好莱坞演员罗伯特·德尼罗……都成了她的客户。

一次，她在美国与曾经的客户聚会，她的客人们一起送给她一个巨大的礼物，打开一看，竟然是一个印满美元钞票的马桶垫。客人们笑着说："你让我们一辈子都忘不掉如何在云南上厕所的事。"

上厕所是一件寻常小事，张玫却把它当成了一件不寻常的大事。成功，就是把小事当成大事，把寻常变得不寻常。

赌气赌出兰博基尼

二战时，费鲁吉欧·兰博基尼是意大利的一名空军机械师，二战结束后的 1948 年，他开始利用废弃的军用物资制造拖拉机，获得了很大成功，聚敛了大笔财富。他还是一个跑车迷，是名闻遐迩的法拉利跑车的超级粉丝，他购买了 4 辆法拉利跑车，疯狂地参加赛车运动。

一次，他驾驶自己最喜欢的法拉利 250 跑车参加比赛，途中，变速箱出现故障，差点儿造成事故。他找到法拉利公司，投诉变速箱问题，要求工作人员更换零件，但却遭到了拒绝。他不死心，直接找到了法拉利的创始人恩佐·法拉利，告诉他这辆车的缺陷和不足，建议对部分装置进行技术改进。然而，恩佐·法拉利根本不把他放在眼里，傲慢地说："我不需要一个生产拖拉机的人来教我如何造车。"

被自己敬重的人嘲弄，费鲁吉欧·兰博基尼感到无地自容，非常气愤。生性孤傲的他哪受过这样的窝囊气？他努力克制自己，却怎么也咽不下这口气，当即下定决心：一定要造出世界顶级的跑车。

此后，费鲁吉欧·兰博基尼变卖了家产，卖掉了自己钟爱的所有跑车，以倾家荡产为代价，在距离法拉利之都 15 公里的地方，建立了"兰博基尼汽车有限公司"，决计与法拉利一决雌雄。

费鲁吉欧·兰博基尼把羞辱当成动力，让仇恨的种子结出了甜蜜的果实。仅仅一年之后，他的首款跑车——兰博基尼350GTV诞生了，兰博基尼的车标被设计成一头浑身充满力量，正准备向对手发起猛烈攻击的犟牛。既体现了费鲁吉欧·兰博基尼的牛脾气性格，也诠释了兰博基尼公司勇往直前的特点。

兰博基尼的诞生，标志着一个跑车新时代的开始。之后，兰博基尼跑车日臻成熟，成了世界超级名流倍加推崇和争相购买的著名品牌。

一句嘲弄的话，改变了费鲁吉欧·兰博基尼的人生，也影响了世界汽车的历史。

被嘲弄打败，能置人于死地；被嘲弄激发，能置之死地而后生。

给母鸡建“五星级酒店”

英国54岁的史密斯女士为了每天都能吃到新鲜的鸡蛋，自养了十几只母鸡。有一天，她要外出旅行，那些母鸡却让她犯了难。带上它们显然不可能，留在家里又无人照料。无奈，她只好委托邻居暂时照看。

晚上，她在入住旅馆的床上辗转反侧，又想起了她那些母鸡：你们生活得好吗？突然，她灵机一动，像我一样自养母鸡的市民不在少数，他们也有外出的时候，何不建个母鸡旅馆？

旅行结束之后，她立即请人在自家后院设计并建起了母鸡旅馆，“房间”高和宽各1米，长3米。当然啦，所谓旅馆，其实就是一个个大鸡笼。笼内一侧是鸡舍，供母鸡住宿，另一侧则是活动空间，鸡舍与活动空间之间用推拉门隔开。晚上，母鸡“就寝”之后，就关上推拉门。白天则打开推拉门，让母鸡在活动空间内自由自在地活动。她给母鸡旅馆起了个响当当的名字：菲尔蒂五星母鸡酒店。

2011年9月18日，史密斯选了这个吉利的日子开业。开业第一天就迎来了第一批“客人”：一个当地妇女的6只母鸡。此后，“店客们”源源不断地“下榻”该五星酒店。

史密斯对所有的“客人”都一视同仁，每只“客人”收费7英镑，每天提供一日三餐。她每天4点起床，打开鸡舍的推拉门，让“客人”在笼内自由活动，每天用手推车式鸡笼推着它们在后院散步“出游”一次。

“客人”的待遇也是很优厚的，从两条店规即可见一斑。一、同一舍内的“客人”必须是同一家庭的，以免发生不和谐的情景；二、本店只接待母鸡，恕不接待公鸡，以免打鸣影响“客人”就寝。

史密斯说：“我对待‘客人’就像对待我自养的母鸡一样。当然，它们最好的去处是它们自己的家，但是，来到我这里，会让它们有宾至如归的感觉。”

正是由于史密斯真诚的待客之道，客源才滚滚而来。菲尔蒂五星母鸡酒店开业以来，接待了大量的“客人”，不但宿费收入颇丰，而且收获了很大惊喜：“客人们”留下了大量的蛋。

经营之道，不仅是人道，还需“鸡道”，关键是要想到。

“陷入”地下的纪念碑

1980年秋天，年仅21岁的美国华裔女孩林璎在耶鲁大学建筑学院读三年级，一天，她偶然看到了征集越战纪念碑设计方案的海报。她想：何不把它当作毕业设计呢？于是，她去华盛顿拟建纪念碑的地方进行了实地考察，然后，利用两周的时间完成了设计，并制作出了模型，提交给了组委会。

她设计的纪念碑主体是呈V字形的两面黑色花岗岩大墙，像镜面一样的墙面上镌刻着57000多名1959—1975年越战阵亡将士的名字。纪念碑长500英尺，最深处3米，即V字夹角的中轴线。从中轴线开始，两面碑体由深到浅，渐渐向两端浮升，直到地面消失。

与传统纪念碑设计高耸、端庄不同的是，她的设计伸入大地之中，绵延而哀伤。她的解释是：好像地球被战争砍了一刀，留下了这个不能愈合的伤口。

组委会共征集到1421个方案。1981年5月1日，组委会对所有方案隐去姓名，进行编号，然后由8位国际著名的艺术家和建筑大师组成评委会进行投票，选出最佳设计方案。结果，编号为1026号的设计被评为首选，这个方案的设计者正是林璎。评委会认为，她的设计犹如大地开裂，接纳死者，具有强烈的震撼力。

方案出台后，遭到了那些曾经参加过越战的老兵的极力反对。他们认为，纪念碑应该拔地而起，而不是深陷地下。他们从各方面施加压力，要求修改设计，甚至内政部长也提出了在V字形碑体的中间放一座雕像，并悬挂一面美国国旗的修改方案。林璎认为，如此这般的要求和篡改，破坏了她的原设计精神，面对种种压力，她不肯妥协，毅然要求撤回自己的设计。

为了慎重起见，组委会重新组织评审团进行了第二次评审，结果，林璎的设计仍然获得了第一名，那些越战老兵也被说服。

1982年3月11日，林璎的设计得到最后批准，3月26日开始动工，当年10月完工，11月13日向公众开放。之后，这里每天人如潮涌，成了游览者最喜欢的去处之一，也成了美国人表达悲痛、寄托哀思和反思历史的地方。它还被评为“美国20世纪最受欢迎的十大建筑”第7名，而且成了衡量其他纪念碑的标准之一。

越战纪念碑，除了阵亡者的名字以及1959和1975的字样以外，没有一个字描述战争，但林璎却说：“当你沿着斜坡而下，望着两面黑得发光的花岗岩碑体时，犹如在阅读一本叙述越南战争历史的书。”

面对纪念碑，人们无不肃然起敬。高耸地上的让人仰望，“陷入”地下的更让人深思。

第五辑

烤地瓜上插朵花

当夫人手捧着这块依然烫手的礼物时，
乐不可支，非常开心，继而，非常感动。
这也许是她收到的最温馨、最浪漫的礼物了。
韩美林先生说：“生活里面需要拌一点艺术的构思，
不需要太多，放进一点就够。”

的确，一块普普通通的烤地瓜，
插上一朵野花竟然生发出如此感人肺腑的浪漫；
生活里，增加一点艺术色彩，
绝不会枯燥乏味，定然能增添无穷的情趣和快乐。

把母亲当作假想敌

早春二月，南亚热带雨林里的雌虎安莎收获了爱情，怀上了宝宝。3个月之后，生下了龙凤胎小老虎——儿子贝贝和女儿贝蒂。

为了有充足的奶水喂养一双儿女，妈妈安莎要出去捕猎，但又担心幼小的宝宝遭遇不测，所以，每次出猎前都要更换安全的住处。它用嘴巴叼着宝宝，找到安全之处安置好，再用树枝遮挡住，不留一丝痕迹和一点漏洞。认为安全了，才急匆匆地去捕猎。捕食完猎物后又急匆匆地返回，给宝宝喂奶。

贝贝和贝蒂长到6个月了，仍然拱在妈妈的怀里想吃奶，可安莎很绝情地甩开了它们，它给它们断奶了，开始用捕获的猎物喂养它们。

贝贝和贝蒂很淘气，看到妈妈捕杀猎物的雄姿，它们也跃跃欲试。可是妈妈不允许它们轻举妄动，一步也不准离开自己的身边。它知道，虽然它们是百兽之王，但它们还小，没有捕杀猎物的能力和本领，不小心还会被猎物吃掉。

贝贝和贝蒂长到1岁了，安莎开始教给它们捕食的本领，教它们俯身隐蔽，教它们潜伏和出击。

训练只是假想式的，没有真正的猎物，安莎也不允许儿女用真猎物进行训练，因为它们还不是任何猎物的对手。

然而，没有真正的较量是训练不出好猎手的。为此，安莎想到了自己，让自己成为假想敌，也就是猎物，让儿女在自己的身上训练。

它在前面跑，让儿女在后面追。儿女追不上，它就放慢速度，以增强它们的信心。贝贝冲上来了，扑到了妈妈的背上。贝蒂也随即扑了上来，咬住了妈妈的咽喉。安莎佯装挣扎，贝贝和贝蒂使劲扑抓。一次，两次，就这样无数次地“搏斗”，直到安莎发出结束的信号。

虽然是训练，但难免受到意外伤害，妈妈的后背被贝贝锋利的爪子抓出了血印，脖颈被贝蒂咬出了伤痕。贝贝和贝蒂惊恐地瞅着妈妈，安莎则慈爱地看着儿女，用舌头舔舐着它们。它不但没有恼怒，反而很欣慰的样子，似乎在说，你们长大了，可以自食其力了。

为了儿女的生存，让儿女把自己当作假想敌，任其撕咬、扑抓，只有母亲能够承受，也只有母亲甘愿承受。

别让娘担心

傍晚的一场细雨给深秋的夜晚平添了浓重的凉意，晚上本不打算出门，却有昔日的几个同事相约，与来自南方的昔日同事相聚。

地点选在一家海鲜小店，我是最后一个来到的。见到好久不见的昔日同事自然格外兴奋，大家互相寒暄，互致问候，恨不能一口气叙说完怀想之词，气氛非常热烈。

突然，老周的手机响了。听不见对方说什么，只听见老周说："不冷，您别操心了。"说完后他就挂机了。

没过 1 分钟，还没等老周拿起筷子吃菜，他的手机又响了，还是刚才那个人打来的。老周有点儿不耐烦了，他对着手机说："哎呀！我不是告诉你不冷吗？我在楼前的海鲜店，用不了 5 分钟就到家了，冻不着。"

旁边一同事问："是夫人吧？多么关心你啊！"老周说："哪里啊！是我那 80 岁的老娘！她嫌我穿得少，怕冻坏了她的宝贝儿子。"

大家感叹了一番之后继续喝酒。过了 20 多分钟，一个老太太推门进来了，正是老周的母亲。她把抱在怀里的棉衣递给老周，埋怨说："大冷的天，出门也不知道穿厚实些。"老周虽然毕恭毕敬的，却有些不满地说："哎哟，我的娘啊！难道我还不知道冷热吗？"老太太抢白说："知道！知道还不多穿点儿？"老周苦笑说："娘哎！我都 50 岁了，别把我当孩子了好不好？”老太太说：“你不是孩子是什么？这么大了还得让娘操心，还不如个孩子呢！”

大家都被老太太感动了，全都起立让她就座，她却走了。临走时，她嘱咐大家：“我不打扰你们了，请各位看管好我这个不懂事的孩子，别让他喝多了啊！”

那天晚上，我们喝得很多，但有老母亲的嘱咐，谁都没喝醉。我们无论多大，都是娘的孩子，不能让娘担心。

戴高乐与智障女儿

1927年，夏尔·戴高乐和妻子伊冯娜即将迎来第三个孩子的诞生。但是，在临近生产的时候，伊冯娜不幸遭遇了车祸，当即昏死过去，被送进医院进行抢救。经过救治，伊冯娜转危为安，不久，女儿安娜降生了。

可是，由于车祸的惊吓，再加上治疗期间的大量用药，安娜成了一个情况严重的智障儿。

戴高乐夫妇虽然感到惋惜，但没有丝毫的嫌弃和厌恶，反而给了安娜更多的关爱。妻子说："只要安娜能和别的女孩一样，我和夏尔甘愿舍弃一切。"戴高乐完全赞同妻子的观点，他激动地说："不是安娜自己要求来到人间的，我们两个人的责任，就是让安娜获得真正的幸福。"

戴高乐是个军人，生性好斗，可在安娜面前他是那么温柔，一有时间就领着她到街上玩耍，对安娜的要求从不拒绝，还经常给她讲故事、唱歌和做鬼脸，逗她开心。他近两米的大个子不想给安娜距离感，常常蹲下来、跪下来、坐下来、趴下来，让安娜任意在自己身上缠绕，玩自己的军帽，拽自己的头发，还给她当马骑。即使在二战流亡期间，他也寸步不离地把安娜带在身边，从不急躁和厌烦。安娜虽然不能说话，可在父亲身边戏耍，躺在父亲怀里看父亲扮的鬼脸，骑在父亲背上看着父亲满地爬，她始终很高兴，常常被逗得笑出声来。

1937年，安娜10岁了。戴高乐日理万机，许多人建议他将安娜寄养到疗养院，可他拒绝了，为了给安娜一个更好的环境，他用节衣缩食省吃俭用节约出来的资金在科龙贝买了一处房产。他说，那里绿树成荫，气候宜人，环境幽雅，有利于安娜的身心健康成长。

就这样，戴高乐夫妇无微不至地照顾了安娜20年。不幸的是，1947年，在安娜20岁生日的前夕，肺炎夺去了她的生命。葬礼那天，在安娜的墓前，戴高乐和妻子眼含热泪，久久不愿离去，直到天黑，他才握着妻子的手说："走吧，现在她和别人一样了。"

1970年，戴高乐总统去世，但他在1952年就写好了遗嘱并密封起来。他逝世后，人们打开遗嘱，发现了这样一段文字："我的葬礼一定要在科龙贝教堂举行。如果我死于别处，我的遗体务必运回家乡，我的坟墓必须在我女儿安娜安葬的地方。墓碑上只写：夏尔·戴高乐。"

戴高乐的愿望很简单，就是要让安娜感到像其他正常的孩子一样。从士兵到将军，再到总统，他的愿望始终不渝，为了智障女儿的尊严，他甚至不惜自己的尊严。了解戴高乐的人都说，只有在安娜的面前，这个一向严峻刻板、冷酷威严、目空一切的军官才忘记了自己的尊严。事实是，他不但没有失去尊严，而且让智障女儿活得有尊严，他伟大的父爱更为自己赢得了尊严。

戴高乐是一个伟大的将军，一个伟大的总统，更是一个伟大的父亲。他曾说："要做好一个国家的总统，首先要做好一个孩子的父亲。"

烤地瓜上插朵花

韩美林先生是我国当今举足轻重的大艺术家，别看他已经年届80，却依然童心未泯，像他的许多绘画、雕塑等作品一样，流露着童稚、童趣和童真。他说话风趣幽默还带点俏皮，既干净又脆生，还不乏浪漫色彩，让人非常爱听。

在一次访谈节目中，韩美林先生回忆起他和夫人之间一件最浪漫的事。

有一次，他夫人周建萍去外地，回来时，他去机场迎接旅程结束的夫人，细心的他还精心准备了迎接的礼物。当夫人走下飞机以后，他双手捧着礼物递给了夫人。礼物很朴素，却很独特，是一块用纸巾包裹着的烤地瓜，上面插着一朵从路边摘来的小花。

当夫人手捧着这块依然烫手的礼物时，乐不可支，非常开心，继而，非常感动。这也许是她收到的最温馨、最浪漫的礼物了。

韩美林先生说："生活里面需要拌一点艺术的构思，不需要太多，放进一点就够。"的确，一块普普通通的烤地瓜，插上一朵野花竟然生发出如此感人肺腑的浪漫；生活里，增加一点艺术色彩，绝不会枯燥乏味，定然能增添无穷的情趣和快乐。

妈妈的记忆力

妈妈对儿子说，你1岁的时候，一天午饭后，我哄睡了你，把你锁在家里，去下地干活。怕你从炕上掉到地上，就用布条把你拴在窗棂上。因为记挂着你，收工后一溜小跑跑回家，急匆匆地打开门，你已经哭得没有力气发声。我一把把你抱在怀里，你迫不及待地用小嘴使劲吸吮本不富裕的奶水。

妈妈对儿子说，你5岁的时候，看到邻家小孩吃出门的亲戚捎来的饼干，你回家哭着闹着要，家里哪有啊！左哄右哄你就是不听，我就打你，不知道你怎么那样倔强，我的巴掌像雨点儿一样落在你的屁股上，你就是不松口，就是要吃。直到打得你屁股出现血印，你才眼泪汪汪地说："妈妈，不要打了，我不馋了。"

妈妈对儿子说，你上学了，妈妈很少给你买新布做衣裳，大都是用大人穿过的旧衣服拆洗后改制的。一件50年代的旧大衣，你从小学穿到中学。就连鞋子也大都是大人穿过的旧鞋，大了，就在前头垫些破棉花。更加可怜的是你的袜子，后跟和前掌不知道打了多少层补丁，老厚老厚的。

妈妈对儿子说，那个年代，兄弟姐妹多，不干活就没有工分，顾不了你那么多，再说，家里穷啊！说起这些来就心酸，愧疚得慌。现在生活好了，可是你长大成人了，有事业了，不需要我做什么了。我呢，也老了，也给你做不了什么了。

儿子接过妈妈的话说，妈妈，你怎么这么说？你对我的好我可都没忘记呢。妈妈说，妈妈对儿子好是应该的，还记着它干什么。

儿子对妈妈说，我小时候不懂事，经常与妈妈顶嘴，惹妈妈生气，成年后还经常嫌妈妈唠叨，常常很不耐烦地顶撞你。有一年，你牙疼得厉害，忍不住哭了，我不但不安慰你，还斥责你。妈妈，你不怪我吧？

妈妈对儿子说，哪有的事情啊！我怎么不记得了？

妈妈的记忆力真好，几十年前让儿子受的委屈，说起来如数家珍一样，记得清清楚楚。

妈妈的记忆力真差，儿子对她的种种不是，让她受的种种委屈，她却一点儿都记不起来。

欠了 15 年的一顿饭钱

1998 年，美国新墨西哥州阿尔伯克基市 16 岁的少年哈里恋爱了。情人节那天早晨，他给女友买了玫瑰花，傍晚，又领着女友来到了一家法国餐馆，享用浪漫的晚餐。

两人虽然年龄不大，却很有情调，让人看起来那么甜蜜。他们边吃边说，似乎每一句话都透露着爱意。很晚了，餐馆里的客人只剩下他们俩了，他们似乎都没发觉，仍然在说着悄悄话。

坐在一边的餐馆老板洛克·约克贾尔也不催促，只是默默地看着坠入爱河的他们，也似乎从他们身上感到了温馨。

终于，哈里的目光离开了女友，约克贾尔向他笑了笑。他不好意思地向约克贾尔道歉："对不起，耽误您打烊了。"随即起身向约克贾尔结账。正当他从兜里掏钱的时候，女友进了卫生间。

他掏出了所有的钱，递给约克贾尔。可是，还差了 40 美元。这可如何是好？让女友知道了多没面子。约克贾尔看出了他的窘迫，把钱递还给他，悄声说："留着打车用，你明天再来结账吧。"他像遇到救星一样，长舒了一口气，向约克贾尔表示感谢。

然而，哈里第二天没有来。而且，一天，两天，一个月，两个月，一年，两年……以后再也没有看到他的影子。渐渐地，约克贾尔就忘记了这件事情。不久，他的餐厅倒闭了，他进入了失业的行列。

一晃15年过去了，2013年5月，约克贾尔重振旗鼓，重操旧业，在另一条街道重新开起了一家餐馆。开业当天，在首批就餐的客人中，有一个30多岁的人，他就是哈里。他径直走到约克贾尔面前说:“约克贾尔先生，我15年前欠您的饭钱，今天才还，对不起。”说完，递给了约克贾尔100美元，不仅支付了所欠餐费，而且连利息都足够了。

约克贾尔已经认不出眼前的哈里了。哈里解释说，那年的第二天，本来是想如约来还钱的，可是恋人突然告诉他，她家要迁居到另一个城市，意味着她再也不可能是他的恋人了，他用所有的钱给她买了礼物。由于失恋，他再也没有勇气走进他们俩一起吃过饭的餐馆……哈里说：“不能失去诚信，无论如何要还清欠账。”

当年本来记恨着哈里的约克贾尔此时很感动，他不计前嫌，不但盛邀哈里喝两杯，而且把此事告知了媒体。由于媒体的隆重推出，本来的一件陈年旧事，反而成了新闻，成了街谈巷议的话题。

虽是一件小事，因为诚信却很大；虽是陈年旧事，因为诚信却常新。

小象的感谢

故事发生在热带雨林的野象谷。

一天，护林员例行巡山，遇见了一个象群，足有20多头，其中一头还在哺乳期的小象与母亲形影不离。奇怪的是，远远看去，小象的一只后腿脚腕以上闪着亮光。好奇的护林员悄悄靠近，仔细探看，结果让他吃了一惊。原来，小象不知在哪儿踩了不法猎人设的夹子，小腿被夹住了，而且被夹得血肉模糊。

护林员不敢怠慢，立即向上级报告了情况，上级决定抢救这头小象。办法是，用麻醉枪将小象麻醉，取下夹子，进行伤口护理。

问题是，小象可以麻醉，不可能把整个象群都麻醉了啊！一旦小象遭袭，象群是不会善罢甘休的，它们会守护着小象，一刻也不会离开，尤其是象妈妈更是如此。如果贸然施救，势必遭到象群的攻击。

怎么办？麻醉小象，驱赶象群，快速救治。于是，一支由医生、动物专家、护林员和警察组成的救治队伍出发了。

救治组赶到野象谷，选择好有利地形，做好了一切准备之后，向小象发射了麻醉针。小象倒下了，象群立马把它围在了中间，形成了保护屏障，并开始吼叫，像在向敌人示威一样，施救人员根本无法靠近。

接下来，就是驱赶象群。荷枪实弹的武警出动了，他们用防暴枪对空发射了 80 多发防爆弹。

人们认为象群很快就会散去，因为他们知道大象的性格，别看它们是动物中的巨无霸，但它们特别胆小，尤其害怕枪声，平时，听到鞭炮声都会逃之夭夭。然而，人们错了，今天发射了那么多声音极大的防爆弹，象群竟然无动于衷，丝毫都不害怕，似乎要与小象共存亡。

时间在一秒一秒地过去，必须尽快想办法赶走象群，否则麻醉久了小象会有生命危险。一个武警想到了催泪弹。催泪烟雾起作用了，象群嘶吼着离开了。

救治人员迅速行动，用铁剪剪断了夹子，然后开始清洗伤口。没想到，伤口非常严重，已经感染，生了蛆虫。若不彻底救治，小象很可能会死去。

正在救治之时，小象的妈妈又带领着象群气势汹汹地返了回来。救治人员不得不匆忙把小象抬上汽车，迅速撤离，回驻地施救。

汽车在前面开，象群在后面追，好久，才把它们甩开。但它们的吼声听起来异常愤怒，长久萦绕不绝。

回到驻地，立即开始了救治。开始，小象对救治人员充满了敌意，见到人就会发狂，愤怒地到处冲撞和摔打长鼻子。渐渐地，在医护人员的精心护理下，它变得温柔了起来，会用长鼻子轻轻地抚摸救治人员，样子非常可爱。

经过 3 个多月的救治，小象痊愈了，要回归大自然了。

放归那天，所有救治人员都来为它送行。让人想不到的是，小象走了几步之后，突然回过头来，向着人群，单膝跪地，长鼻子左右摇摆。人们不懂它的语言，但分明知道，它是在感谢，是在说再见。

在场的所有人都被感动了，齐刷刷地向小象致敬，向在野象谷盼望它的妈妈和象群致敬。

药　方

寒流袭来，气温骤降，85 岁的外祖母又病倒了，白天黑夜都需要人照顾，这副重担自然又落到了 66 岁的母亲肩上。

这是一对不幸的母女。外祖母 4 岁失去自己的母亲，母亲 5 岁失去父亲。刚强的外祖母终身未再嫁，含辛茹苦把母亲和母亲 3 岁的弟弟、70 天的妹妹拉扯大。由于年岁增大，加之年轻时操劳过度留下了病根，这两年外祖母的身体状况越来越差，腿脚越来越不灵便了。母亲又要操持自己的家务，又要去照顾外祖母，真是够累的。

然而，母亲也不再年轻，身体也不好，心脏时常出问题，一旦劳累过度就会发作，喘不上气来。

外祖母病倒后，母亲已经陪护了好几天。这天早晨一起床，母亲感觉心脏不适，并且口眼歪斜，原来是心脏病复发，还得了面瘫。母亲忍着难受安顿好外祖母，让弟弟把她送进了医院打吊瓶。

由于心脏承受不了，药水滴得很慢。母亲惦记着外祖母，心急如焚。

正着急间，外祖母拄着拐杖颤颤巍巍地来到了母亲的病床前。母亲愣住了，惊问："你怎么来了？"外祖母说："不放心你。"说着从衣服里掏出一张纸递给母亲，说："我满村子打听，到底打听到了一个治面瘫的药方。"

母亲拿着药方说不出话来。要知道，外祖母还在病中啊！再说这两年她没病的时候都走不了这么远的路啊！虽然只有短短的3里多路，可病中的她凭着一双小脚是怎么颠过来的？何况她满村子找药方不知已经走了多少路啊！

母亲含泪叫了声："娘！"

爱，很简单

她叫李莉，他叫聂君临，她是他的师姐。她爱好唱歌，他也爱好唱歌，而且弹得一手好吉他。由于共同的爱好，他们走到了一起。大学毕业后，他们结成了伉俪。

婚后，他们有了爱情的结晶，生了可爱的宝宝。繁重的生活压力，虽然已经没有多少闲暇，但他们始终没有放弃唱歌的爱好，想唱歌的梦想始终没有泯灭，只不过舞台是他们的三尺小家，他是她的听众，她是他的听众。他幻想，有朝一日能在更大的舞台上为她一展歌喉。

然而，刚过而立之年，有一天，他突然晕倒了，经医院确诊为尿毒症晚期，唯一的办法只有换肾。是父亲的肾挽救了他，可仅仅维持了两年，植入的肾也出现了坏死现象，需要再次换肾。她坚决要求把自己的肾给他，他却坚决不同意，连配型都不允许她去做。他说："我们有孩子，孩子没有了爸爸，再不能没有了妈妈。"现在，他 34 岁了，采用血液透析等保守治疗的办法维持生命。

表面上，她很开朗，总是以笑脸示人，可背地里不知流了多少眼泪。她想帮他圆梦，因此，他们携手来到了山东卫视的《让梦想飞》大型公益节目。

他们自我介绍："我们是同林鸟组合，为了实现梦想，来到了《让梦想飞》

节目。”

主持人问：“你们的梦想是什么？”他说：“能来到这里唱歌。”他深情地看了眼妻子，继续说：“为我深爱的妻子唱歌。”

主持人愣了一下，问他：“就这么简单吗？”因为以往来参加节目的人的梦想五花八门，从来没有这么简单的。他毫不犹豫地说：“对！就这么简单。能站在这里，与妻子唱一首歌，是一件幸福的事。”接着，他讲述了自己的经历以及妻子对他的好。

主持人转向了她，问道：“你嫁给他幸福吗？”她说：“自从嫁给了他，生活从来没有宽松过，但是很幸福。今天来到这个舞台，我就是想圆他上大舞台唱歌的梦。”

主持人眼睛湿润了，有些迟疑地问：“老公治病需要不少钱，你怎么赚取医疗费？”

她轻松地说：“这个很简单。我一是当司仪，帮人主持婚礼，二是白天做钟点工，三是晚上到烤羊肉串的摊位上打工，到夜里一两点钟。这样，一个月的费用就够了。”顿了顿，她接着说：“也许有一天，他闭上眼睛，永远不再回来。但是我不能没有老公，我要留住他。今后，我还要多做一些，多挣钱，治好老公的病。”

她说得很轻松，但现场很凝重，忙得几乎连轴转了，她却说很简单。“很简单”这三个字，让现场所有人都感动得泪流满面。

他弹起了吉他，他和她共同唱起了《牵手》：“因为爱着你的爱，因为梦着你的梦……所以牵了手的手，来生还要一起走……”

有句老话：夫妻本是同林鸟，大难临头各自飞。但是李莉和聂君临这对遭遇大难的“同林鸟”却情深意切，生死相依，不离不弃。

爱，或许真像她说的“很简单”，但她却为爱付出了全部。

爱，永远不晚

哈丽特·汤普森是美国的女钢琴演奏家，晚年爱好跑步，每天都围绕社区附近的小湖慢跑。76 岁那年，她第一次参加了马拉松比赛，之后，除了 2013 年因皮肤癌手术住院外，每年都参加圣地亚哥马拉松赛。

2014 年的圣地亚哥马拉松赛定在 6 月 1 日，已经 91 岁高龄的哈丽特又报名了，这将是她连续 16 年来的第 15 次参赛。然而，就在比赛前 1 个月，她的皮肤癌复发，不得不又住进了医院，接受放射治疗。直到比赛前 1 周，她才拖着肿胀的双腿出院，因为她的心里牵挂着比赛。

比赛那天，她与来自世界各地的数万名马拉松爱好者一同出发，沿途，所有的观众都为她加油、鼓劲。毫无疑问，她已经是明星级选手了。

前 13 公里，她跑得很轻松，之后，临界点到来，加之病魔缠身，她感到了吃力。放弃，还是坚持？稍一犹豫，她立即打消了放弃的念头，继续跑步前进。此时此刻，她的脑子里浮现出了弹钢琴的情景：十指起起伏伏地敲击在琴键上，时而舒缓，时而悠扬，起伏跌宕，行云流水，多么像在无拘无束有节奏地奔跑啊！一路上，她边跑边默弹着肖邦的一些钢琴练习曲。顺着曲子的节奏，她的步伐轻盈、稳健。她说："肖邦的这些曲子技术难度高，节奏快，能刺激我跑快点。想象着曲子，时间仿佛也过得更快了。"

看见比赛的终点了，像演奏进入了高潮一样，哈丽特满脸笑容，激情澎湃，步子更加坚实。7 小时 7 分 42 秒，她张开双臂，冲过了 42.195 公里的终点线，创造了美国女子 90 岁以上年龄段的新纪录。

就在冲过终点的那一刻，医护人员、媒体记者、观众蜂拥而至，瞬间把她包围了。医护人员问她：感觉如何？她说：“我感觉好极了，也非常轻松，我为自己感到骄傲。”媒体记者问她：有何感想？她说：“对于马拉松，永远不要说太迟。如果你能参加比赛，就会从中得到无穷乐趣。如果明年这时候我还活着，一定还来参加比赛。”

要问她为什么这么执着？当然，这是她的爱好。但还有一个重要的原因，就是为白血病等癌症患者募集善款，至今，她已经募集了 9 万美元。她说，这是她作为一个癌症幸存者的一个心愿、一点爱心。

正如她所说的“对于马拉松，永远不要说太迟”一样，爱，永远不晚。

给女儿的嫁妆

22年前，一个未满月的女婴被遗弃在火车站，肚子上有个大包，流着脓。人来人往的，谁见了都说可怜，可就是无人认领。李大哥说：“我先抱回家养着吧。”

李大哥家境贫寒，况且已经有个5岁的男孩了，再多一个怎么养活？何况还有病，哪有钱医治？李大哥夫妻二人没想那么多，把她当亲生女儿一样养活了下来，而且四处打听，求医问药，东拼西凑，拉了一屁股债，才算治好了女儿的病。

转眼，女儿22岁了，变成了亭亭玉立的大姑娘。一天，她告诉李大哥：“爸爸，我处男朋友了。”李大哥打心眼里高兴，却为准备嫁妆犯了愁，家里实在拿不出像样的东西。李大哥与妻子商量，夫妻俩意见很一致，即使再穷，也不能亏待了女儿，可给女儿什么样的嫁妆才好呢？

思来想去，夫妻俩想到了一块儿：找到女儿的亲生父母，让他们参加女儿的婚礼。

他们的想法遭到了女儿的反对，她说：“你们就是我的亲生父母。”李大哥耐心解释：“咱不能把人想得太坏，也许当时他们实在没办法，无奈之下才做了糊涂事，说不定他们天天在牵挂着你呢。再说，我希望找到你的亲生父母，首先是不想让你的人生有所缺失，也是因为我和你妈妈都爱你。”劝说之下，女儿终于点头了。

朋友也被李大哥的真诚打动了，一起帮他打听女孩亲生父母的下落，可都没有消息。眼见女儿的婚期临近，李大哥有些着急，他与电视台联系，要求做客电视台的节目。节目现场，他向女儿的亲生父母发出了召唤：“你们在哪里啊？殷切盼望你们来参加女儿的婚礼。我拿不出像样的嫁妆，你们能来，就算是我给女儿的嫁妆吧。”

李大哥的真诚和善良让参加节目的嘉宾和观众都流出了激动的泪水，一直在幕后的女儿泪流满面地走上台来，紧紧地拥抱着李大哥，泣不成声地说：“爸爸！您的心意就是给我的最好的嫁妆。”

牵着你的手一起长大

秦勇，中国著名摇滚音乐人，曾任黑豹乐队主唱，中国摇滚圈的领军人物。然而，2005 年 3 月，正当鼎盛时期，37 岁的他突然宣布退出黑豹乐队，从此杳无音讯，舞台上再也看不到他的身影，听不到他的歌声。

他去哪儿了？干什么去了？一时间，各种猜测，众说纷纭。其实，他是照顾儿子去了。离开黑豹乐队后他只干了一件事：与儿子一起成长。

他给儿子取名大珍珠，可见他多么喜欢和珍惜儿子。然而，大珍珠 4 岁时被查出患有重度感统失调症，智商检测非常低下，是一个智障儿。

开始，秦勇并没当回事，一心扑在事业上，整天马不停蹄地到处演出。儿子 8 岁时，是一个老专家“只要多花时间陪伴，孩子的病情能改善”的一句忠告让他在事业和儿子之间做出了选择：他放弃了事业，选择了照顾儿子。

从此，他全天候地陪伴着儿子，每天最重要的事情就是对儿子进行机能和智能的康复训练。由于退出舞台，没有了收入来源，他就开办了家具店，带着儿子一起去给人送家具。

对于正常人，系鞋带是一件再简单不过的事情，但是对于有智障的孩子却是那么艰难，秦勇不厌其烦，一遍遍地教儿子，直到儿子学会为止。

听说骑自行车是对感官协调能力最有益的训练方法时，秦勇毫不犹豫，毅然陪着儿子开始了漫长的练习。儿子骑着自行车东倒西歪，他则扶着后座跟着拼命跑，摔倒了，扶起来，再摔倒，再扶起来……为了一个动作，经常千次百次地反复教儿子。他也有情绪起伏的时候，一次，为了一个动作，他一遍又一遍地教了儿子3个多小时，儿子竟然毫无进展，而且像狗熊掰棒子——掰一个丢一个，这个动作学会了，前面学的动作又忘记了。他非常失望，简直有些绝望了，他气急败坏地抬手想打儿子，儿子用纯洁的目光看着他说："父王，咱俩不是哥们儿吗？"他抬起的手没有打下去，而是一把揽过儿子，将他紧紧地搂在怀里。

最终，儿子学会了骑自行车。不过，人家半天就学会了，可他却用了整整一年。当儿子终于不用他扶而能自己骑行一段时，向来坚强的秦勇忍不住落泪了，从那一刻起，他坚信：儿子什么都可以学会。

就这样，日复一日，秦勇不断地重复做一个动作，年复一年，不断地重复做一件事情：为了儿子。经过他的精心呵护和不懈努力，儿子的病情已经明显好转，学会了干很多事情，还学会了游泳呢。

大珍珠17岁了，清纯，可爱，懂事。他爱看清宫剧，喜欢借用剧中台词称呼秦勇父王，《甄嬛传》中常用的"真真"一词他也借用得恰到好处。他对秦勇说："父王，你在我心中的形象很帅，你的歌声真真好听，我真真希望能在舞台上看到你唱歌。等你老了的时候，我会背着你，给你唱歌。"

在儿子的鼓励下，也是为了满足儿子的愿望，退出9年之后，秦勇复出歌坛。他演唱的第一首歌是自己作词作曲的《一起长大》，是唱给儿子大珍珠的。"既然我们有缘相遇，我就不会把你放弃……我会牵着你的手一起长大……"

送错住户的送水工

散步回来，天已经黑透了，而且起风了，有下雨的迹象。单元门口，黑影里的一个人问我和妻子："你们是几楼的？"我回答："3 楼的。"他接着问："是 302 的吗？"我回答："是啊！你有什么事吗？"他如释重负似的说："哎呀！你们可回来了，等你们半小时了。我是送水工，来给你家送水的。"我说："我们家没让送水啊！"他说："怎么会呢？供水站安排我送到你家啊！"他疑惑地边嘀咕边掏出派送单让我看。

楼外灯光昏暗，我打开单元门，借助楼道里的灯光，猛一看，上面写的的确是我家的门牌号。可当我仔细看时，发现 30 号楼应该是 36 号楼，由于写得太过潦草，乍看起来 6 像是 0，他看错了。

在我看派送单的当儿，妻子问他："还没吃饭吧？"他说："还没呢。"妻子说："都这么晚了，真不容易。"他说："本来早该下班了，这不今天遇到特殊情况了吗！答应人家的，再晚都得把水送到人家家里啊！"

我告知他错误之后，他一个劲儿地责怪自己："咳！老糊涂了，怎么就没看仔细呢？"而后，他似乎大喜过望，长舒了一口气，一再向我表示感谢，好像我帮了他什么大忙似的。

递给他派送单时，我才仔细打量他：瘦弱，矮小，一个年逾花甲的老头。

我本想与他再说几句话，他却急着走，像是做错了事的孩子，心中很是不安。他说：“真对不住人家，怕是耽误人家喝水了。”他边说边骑上三轮车急匆匆地消失在夜色里。

错不全在他，可他没有埋怨任何人，而是不停地自责，还对客户满怀歉意，似乎错的全是他自己。正因为如此，他让我充满了敬意，我向着已经看不见他的夜幕凝视良久。

送给卡罗琳的礼物

1965 年春天的一个周末，是约翰·谢珀德·巴伦的 39 岁生日，妻子卡罗琳给他订制了生日蛋糕。由于春寒料峭，卡罗琳在去蛋糕店取蛋糕时被冻感冒发起了高烧。巴伦连夜把她送进了医院，然后去买她最爱吃的巧克力。

巴伦急匆匆地来到地铁站，想在巧克力自动售卖机上购买巧克力。可当他掏出钱包时却傻眼了，由于交医药费，钱包里的现金已经所剩无几，连买一块巧克力的都不够了。他又急匆匆地去银行取钱，可银行已经下班关门了。他无奈地回到妻子身边，不无遗憾地对妻子说："如果有一台能够自动取钱的机器该多好啊！"

这天的遭遇一直萦绕在巴伦的脑子里，他下决心发明这样的机器。他先后设计了许多方案，经历了无数次试验，可都没有成功。

一天晚上，巴伦到卫生间洗澡。累了一天，本想舒舒服服地仰躺在浴缸里泡一泡，什么都不想，可刚一躺下，那天的尴尬一幕又如影随形似的浮现在眼前……突然，他眼前一亮，一下子坐了起来。他想：把钱送进机器，巧克力能自动出来，如果把巧克力换成钱，把钱换成特制的卡片，插上卡片，让钱出来，不是一个道理吗？

他立即把这个想法告诉了妻子，妻子鼓励他："你一定会成功的！"

就是凭着这个灵感和妻子的鼓励，他终于发明出了世界第一台自动取款机（ATM机），并于1967年6月27日在英国巴克莱银行的恩菲尔德分行成功投用。巴伦眼含热泪，紧紧地拥抱着妻子说：“卡罗琳，我成功了！以后无论在什么地方，无论何时，我都会取到钱，给你买到巧克力了。”

很快，ATM机风靡全球。有人建议巴伦申请专利，他却说：“我发明这个机器并不是为了钱，而是为了卡罗琳，这是我送给她的礼物。而卡罗琳，是上帝恩赐给我最美好的礼物。”

乘坐缆车的牛

璐璐是德国巴伐利亚州的一个牧民，他居住在阿尔卑斯山余脉的山顶上，饲养了 1 头奶牛。他每天都要把奶牛赶到山下放牧，在太阳落山前准时回到山上挤奶。

2013 年 9 月的一天，他又赶着奶牛下了山。山涧里，溪水潺潺，牧草青青，鸟语花香。奶牛啃食着鲜嫩的草叶，他则学着鸟鸣逗起了落在树梢的鸟儿。随着他的叫声，鸟儿像觅得了知音一样，“叽叽喳喳”叫个不停。他累了，口干舌燥，来到泉边，对着泉眼“咕咚咕咚”地猛喝了几口甘甜的泉水，然后脱掉衣裤跳进了清澈的小溪，惬意地洗起了泉水澡。

从水塘出来，已经中午，他吃完了自带的午餐，躺在光滑的石头上小憩，太阳照得身上暖洋洋的。不久，他像被催眠了一样，睡了过去。

“哞！”一声牛叫惊醒了他，他慢慢地睁开眼，见天色已晚，慌忙起身去赶已经吃饱喝足的奶牛。可是，当他抬腕看了看手表时，竟又一屁股坐在了地上，自言自语地说：“完了，无法赶回去挤奶了。怎么办？”

正当无计可施之际，他突然想到了附近的观光缆车，他想让牛乘坐缆车回去。可当他把牛赶到缆车站时却发现，小小的缆车根本装不下 1 头牛。

游客你一言我一语也拿不出好主意，他抱着试试看的想法拨通了山地救助部门的电话。他本以为人家是救人的，不会为了牛而出动，可对方却立马答应救助，而且救援人员很快就乘车来到了现场。

这是他们头一次参加这样的救援，起初也感到棘手，不知道如何是好。但他们很快就想出了办法，将牛五花大绑起来，然后以站立的姿势拴在缆车底部。随着缆车启动，奶牛被吊着运上了山顶，璐璐也坐缆车一同回到了山上，正好是挤奶的时间，一点儿都没有耽误。

游客们看呆了，这恐怕是他们一辈子都难得一见的风景。但一位救援人员却习以为常地说:“这没什么，如果需要，我们会出动直升飞机的。因为，牛的事就是老百姓的事，老百姓的事就是我们的事。”

小区里起得最早的人

清晨，天还很黑，我到小区的广场上晨练。刚出门，就见路上一团白光在缓缓移动，犹如舞台上的一道追光。光晕里，一个人弓背弯腰，挥动着扫帚，一下一下扫着马路上的落叶。她的动作不紧不慢，那么富有节奏和韵律，似乎正在弹拨一曲动听的歌。

她 50 多岁，是小区里的环卫工。我有晨练的习惯，每天出门碰见的第一人就是她，每天听见的第一首旋律就是她“唰！唰！”的扫地声，她戴的头灯也是每天迎接我的最亮的光。

像我一样，许多人每天都从她身边走过，可没有人与她搭话，她像是不存在似的。她也像没人从她身边走过一样，只顾弓着腰默默地扫地。她扫得那样认真，不留下一片落叶、一点碎屑，地缝里扫不出来的就用手抠出来，放进簸箕。遇到狗屎，她则用套了塑料袋的手直接抓进手推式垃圾车里。在路上，她就像一道分界线，她身前杂物遍地，她身后干干净净。

我与她有过一次交集。那是在去年冬天，我照例天不亮就起来晨练，那时她刚刚用上头灯，我感到很新奇，走到她跟前时就停下脚步问她：“用上头灯了？还挺亮的。”她停下扫地，直起腰回答：“这下好了，不用摸黑打扫了，是领导想得周到。”我说：“不会晚点儿起来吗？等天亮了，不就不用这么麻烦了？”她则说：“那可不行。我们必须在天亮之前扫完，好给上班的、上学的一个好心情。”说完，紧赶着去继续扫地。

那天天气很冷，可她的话让我心里热乎乎的，眼睛竟有些湿润。我掏出纸巾擦了擦眼睛，然后紧走两步，把用过的纸巾扔进了她前面的簸箕里。她站立片刻，说了声：“谢谢！”话语是那么真诚。我赶紧说：“应该谢谢你。”

是的，说“谢谢”的，应该是我，应该是我们。我们都应该谢谢她，谢谢他们——城市里起得最早的环卫工人。

第六辑

墙角多了一盆花

自从放上这盆花之后，再也没有人向墙角扔垃圾了，
墙角不但恢复了最初的清洁面貌，
而且还不时会散发出花香，氤氲着墙角和天空。
门卫老头“嘿嘿”笑着说：“人都是爱美的，
这么美的花放在这里，谁还忍心向这里扔垃圾，来毁坏美呢？”

美的到来，把一个老大难问题轻而易举地解决了。
有美存在的地方，所有不美的东西都望而却步了。

别在烈日下割豆

早年，家里种了一些黄豆。一个烈日炎炎的午后，我去豆子地里捉蝈蝈，一串串饱满的豆荚被我碰得“唰啦唰啦”直响。随之，有些豆荚爆开了，黄澄澄的豆粒蹦得到处都是，豆秸上的空壳则打了卷，像泄了气的皮球似的，很伤心、很遗憾的样子。

我怕糟践了即将到口的粮食，不敢再捉蝈蝈了，回家找出镰刀，告诉爸爸：“豆子都熟透了，赶快收割吧。”爸爸说：“明天清晨再割吧。”我以为爸爸没时间，就说:“你没空的话，就让我去割吧。”爸爸说:“你不能去！”我以为爸爸嫌我小，不会割，又说:“我会割，我行。”然而，爸爸说:“不行！现在正是烈日当头，豆荚都晒焦了，一碰就爆开了，豆粒四处蹦，无法收拾。等明天清晨，夜里下了露水，豆荚潮湿了，就不会爆开了。”

第二天一早，我就与爸爸一起去割豆子。果然，豆秸、豆荚潮乎乎的。直到割完，也没有一个豆荚爆开，一个豆粒也没有损失。太阳还没有出来，我就和爸爸一起把收割的豆子运回了家。

收获，也是讲究时机的。同样是熟透的果实，如果收获的时机得当，就会满载而归；否则，到手的果实也会不翼而飞，让你劳而无功。

城市的良心

说起下水道，难免想到脏和臭，因为，我们的潜意识里下水道就像臭水沟，是排放污泥浊水的通道。

然而，巴黎的下水道却别有洞天，甚至成了旅游观光景点，自从 1867 年世博会开始有人参观以后，现在每年大约有 10 万人参观游览，还经常有国家元首光顾。于是，巴黎人干脆把下水道开发成了收费参观的博物馆。

巴黎的下水道建在地面以下 50 米的深处，纵横交错，密如蛛网，全长 2300 多公里，比巴黎的地铁还长。从实用的角度讲，它排泄迅捷，通畅无阻。从观赏的角度讲，它四壁清洁，看不见一点脏物，闻不到一点臭味，其干净程度可与巴黎的街道相媲美。进入之后，感觉像是进入了一座地下水库或者地下宫殿。

我曾经在巴黎逗留几日，下水道的畅通给我留下了深刻印象。刚到巴黎时正好遇雨，惯性使然，我想到的是处处积水，会影响出游。可是，雨停之后，街上没有任何积水，心情爽朗极了。

100 多年前，法国作家维克多·雨果在其小说《悲惨世界》中写道，下水道是“城市的良心”。此话不假。壮观、漂亮的高楼大厦只能让人看见一个城市的脸面，而下水道虽然深埋地下，但它的好坏，畅通与否，能否经得起暴雨的考验，却能反映出一个城市的文明、尊严和良心。

风景两边有深渊

几个朋友相约去爬山。

这座山就在我们附近，山不算高，也没什么名气，虽说近在咫尺，我却是第一次来。这还不是冲着山来的，而是听说山里的炒鸡好吃，是冲着炒鸡来的。

吃完炒鸡，我们开始爬山。

我们沿着一条弯弯曲曲的山路攀登。山虽不高，却还是有些风景值得观赏。我们一边慢悠悠地向上爬，一边欣赏着一路的风景。林木葱茏，花红柳绿，虫飞鸟鸣，怪石嶙峋，溪水潺潺，松涛阵阵……

有朋友说:“还真没发现这块世外桃源，风景不错嘛！以后要常来哟！”大家附和着说：“不错，常来！”

快要登顶的一段山路很陡，虽然险峻，但更俊俏，风景更优美。“无限风光在险峰”，伟人的诗句一点儿不错。

我们稍微喘息了一会儿，开始登顶。每个人都是快活的，酣畅的，甚至是放肆的，忘乎所以的，毫无平日的矜持和深沉，有人吟诗，有人唱歌，有人干脆吼叫了起来，来赚取山谷的回声。

登上山顶向下看才发现，我们登山的路上，不但有美丽的风景，路的两边还有悬崖峭壁。有朋友不无感慨地说：“哎哟，我们向上爬的时候，只顾那些诱人的风景了，没想到一路风景的两边还有危险的深渊。”

大家都有同感，不约而同地惊呼：“啊！好美！好险！”

生活也像爬山，生命的旅程中，不但有坦途，也有悬崖峭壁，不但有风景，也有风险。路在自己脚下，只有把持住，走得正，不偏斜，才能避开风险，欣赏到一路风景，到达风光无限的顶峰。

给风留个出口

经常见到横挂在街道上方的布制标语或者广告，布的两端固定在钢管或木棍上，布上被人为地剪了许多孔。我知道，那是为了让风顺利通过，减轻风给它的压力，以免被刮坏。曾经，我对这个办法不以为然，认为起不了多大作用。一个真实的事例让我改变了看法。

为了美化环境，小区里栽花种草，其中两个相邻的地段，一段栽了花，一段种了草。刚栽种上时，为了避免踩踏，在靠近马路的一边用编织的塑料布围起了一人多高的临时围墙，其中种草的围墙剪了许多孔，栽花的围墙不知为什么没有剪。夜里刮了一场风，第二天一看，剪孔的围墙安然无恙，没有剪孔的围墙匍匐于地，显然是被风刮倒了。

真没想到，那些小孔竟发挥了如此大的作用，我不敢再小觑那些小孔。

风是挡不住的，那些小孔就是留给风的出口，有了出口，风就能顺利通过，从而给围墙减小了压力，免受了损伤。

由此，我想到了人。生活中，任何人都会遇到压力，升学的、就业的、家庭的、社会的……方方面面，大大小小，千千万万，这些压力每时每刻都在影响着你，折磨着你。与上述不同的是，没有人会像剪孔一样从你身上留出口，主要还得靠自己。如果自己也找个能释放压力的出口，定能减轻或者避免郁闷、痛苦甚至伤害，从而让生活如惠风和畅，阳光明媚。

酒的诱惑

认识两个朋友，一个 50 多岁，一个 40 多岁。他们俩共同的特点是嗜酒如命，有酒场不醉不休，无酒场一天三顿饭两顿必喝酒。

三年前身体检查，两人都被查出了“三高”——高血脂、高血糖、高血压。大夫警告二人不要再喝酒。

“50 多岁”听进了大夫的话，从此不再大吃大喝，只是隔三岔五地晚上喝一小杯酒解解馋，绝不多喝，而且每天坚持围绕体育场快速走 10 圈，直到走得浑身热乎乎的。一年后再体检，原来的“三高”都不高了，都降到了正常范围。

“40 多岁”则不听大夫的善意劝告，照喝不误。他的理论是，高就高吧，年轻力壮的怕什么？“三高”我不难受，不喝酒可就难受了。一年后体检，他不但“三高”更高了，而且胆固醇也高了。大夫严重警告：住院治疗，今后决不能再喝酒。出院之后，大夫的话就成了耳旁风，照样一天两顿酒，家人朋友劝也劝不住。他又有了新理论：高了不要紧，住住院，打打针，问题就解决了。然而，近来他感到两眼模糊，视力不清，还有失忆和头重脚轻的感觉。谁都知道，这是过度饮酒的结果。

前几日，在一个婚宴上我与他俩同桌。原本脸色蜡黄的“50 多岁”现在脸色红润，而原本气色不错的“40 多岁”却是一脸青灰。我给他俩斟酒，

“50 多岁”只让倒半杯,并且一直到结束就这半杯酒;而“40 多岁”却连说:“倒满！倒满！”一连喝了几杯，直到摇摇晃晃、晕晕乎乎还杯不撒手。

世上的诱惑太多，酒仅仅是其中之一。面对诱惑，有的人显示了充分的定力，而有的人却陷入泥潭不能自拔，甚至不惜以健康和生命作代价。既然如此，那付出的必然是健康乃至生命。

理　　智

到上级部门去办理业务，该部门的部长是我朋友。我来到他的办公室，刚要敲门，他开门出来了。一阵寒暄，我说明来意。他把我让进屋里，告诉我稍等一会儿，他们班子有个小会。临出门之前，他说："顶多半小时，茶几上有茶叶，有水，你自己冲。"朋友之间，这就算客套了。说完，他敞着办公室的门就去开会了。

会议室就在他办公室对面，他开门的当儿，我看见里面已经有两个人，想必就是他们的班子成员。

刚过不到一分钟，会议室的门被重重地推开了，一个人气冲冲地闯了进去。开始，还是平静的对话，后来嗓门就大了起来。主要是那个来人和我朋友的争吵，偶尔，也有其他两人的声音。我听着，感觉好像是那个来人有什么事情认为领导处理不公，来找部长理论的。

争吵了十几分钟，声音慢慢缓和了下来，不再像吃了枪药一样，火爆爆的。没过多久，那人从会议室出来，走了。

那人刚走，朋友和他的班子成员也出来了，各自回到了自己的办公室。

我问朋友："会开完了？"

朋友说："还没开呢。"

我又问："没开怎么就结束了？被刚才那个人搅了吧？"

朋友说："也是，也不是。"

我说："这叫什么话？"

朋友说："说是，确实是因为他的到来；说不是，是我决定暂时不开了的。"

没容我再问，他解释说："本来，这次小会是个例行的考评会，刚才那人因为被扣发奖金问题胡搅蛮缠，弄得大家都挺激动，我怕我和班子成员都在火头上，考评起来会对那人存有偏见，有失公允。所以，暂缓考评，等到大家都心平气和了再进行。"

他给我的茶杯里续了水，又接着说："我们需要理智，不能因为职工一时的糊涂，或者我们当领导的一时的冲动，而丧失公平啊！"

我说："你真够理智的。"

谁都有心血来潮失去理智的时候，任其发展，就会失去控制，越发不理智；能够停下来，就是回归理智。

领导没有批评我

遇到过两种人，他们都是聪明人。

一种人是我的朋友。

那个周末，我约他小聚。他心神不定的，我猜他心里一定有事。一问，果然有事。他说：“工作出错了，心里挺难过。”我问：“被领导批评了？”他说：“领导倒是没有批评我。”我说：“没批评就好，有什么难过的？”他说：“正因为没挨批，我心里才忐忑不安，过意不去，没挨批比挨批还难受，才要琢磨如何弥补损失，以后不再出现纰漏。”原来，领导交给他一项工作，不想却出了纰漏，造成了损失。他以为领导会批评他，甚至会解雇他。可领导不但没有批评，没有解雇，反而对沮丧至极的他进行了安慰和鼓励。他感觉很对不住公司，对不住领导，决心好好工作，全心报答领导的信任。之后，他为公司创造了巨额财富，自己也升了职。

另一种人也是我的朋友。

好久没有他的消息了，近日忽然听到了他的消息，由于工作经常失误，他已经被原单位辞退，而且不知去向了。记得去年见他的时候，他正幸灾乐祸。问他为什么高兴，他说：“把一项工作搞砸了，领导没有批评我。”我劝他：“工作搞砸了还这么高兴，可不该。”他说：“领导都不管，你就别瞎操心了。”我说：“恐怕不是领导不管，而是领导不跟你计较吧？长期下去可不好，小心领导开了你。”他说：“不会的，我们领导不敢，还要用我呢。”话不投机，我用“你好自为之吧”结束了我们的对话。不到一年，就得到了上面的消息。

犯了错误，毋须领导批评，就能够自我改正，并把错误当成警钟，时刻提醒自己别犯错误，这样，错误就会远离你。这种人聪明。犯了错误，领导没有批评，就幸灾乐祸，不思悔改，再次犯错是不可避免的。这种人心存侥幸，自以为聪明。不过，这样的聪明，早晚会误人误己。

墙角多了一盆花

楼头墙角，有个硕大的花盆，盆里栽了一棵月季花，花开得红艳艳的，煞是好看。

原先，这里没有这盆花，只是个空荡荡的墙角，墙角那边是个垃圾箱。然而，有些人为了图方便，扔垃圾时就是不愿多走几步，而是随手把垃圾扔在了墙角，搞得墙角很难看，每到夏天还有股臭烘烘的味道。

为了不让大家向墙角扔垃圾，环卫工人想了很多办法，光贴告示就不下十几次，诸如“此处禁止倒垃圾”“讲究卫生，人人有责”“在此倒垃圾者罚款”“请给墙角留下清洁”等等。强硬型的，温柔型的，一切类型都没起到多大作用，有的人依然我行我素，墙角依然脏乱差，严重影响了环境的美观。

这可愁坏了环卫工人。门卫老头给他们出了个主意：“在墙角放盆花试试吧。”

环卫工人采纳了门卫老头的建议，选择了易于管理、耐热耐寒而且花季长的月季花，移栽进盆里，放在了墙角。

真的奏效，自从放上这盆花之后，再也没有人向墙角扔垃圾了，墙角不但恢复了最初的清洁面貌，而且还不时会散发出花香，氤氲着墙角和天空。

环卫工人乐了，门卫老头乐了，居民也乐了。

环卫工人问门卫老头："您怎么会想到这个办法？"

门卫老头"嘿嘿"笑着说："人都是爱美的，这么美的花放在这里，谁还忍心向这里扔垃圾，来毁坏美呢？"

看看那些绽放的花朵，的确美丽。美的到来，把一个老大难问题轻而易举地解决了。有美存在的地方，所有不美的东西都望而却步了。

热闹和清静

我有晚饭后散步的习惯，每天吃完晚饭后的第一件事就是拉着妻子上街散步。

我们居住的小区地处繁华地带，周边有广场、学校和市场，每天晚上都有熙熙攘攘的人流，人多时用摩肩接踵来比喻恐不为过。

我不习惯拥挤、冗繁和嘈杂的环境，每天出门后都往空旷的地方走。清静、安宁、淡雅、疏朗，呼吸都感觉痛快，多舒畅啊！

几乎每天晚上都能与老路两口子走碰头，他们俩也爱好散步。与我们不同的是，他们每天散步的目标是我们居住的小区，而我们散步的目标是他们居住的小区。

他们居住的小区附近正是我喜欢的那种环境，四周有开阔的田野，还有青葱的小树林。走在田埂上，钻进树林里，无人打搅，无忧无虑，惬意、清爽，感觉是那么好。

我纳闷，老路怎么就不会享受，非要到我们这个熙攘、拥挤的地方来呢？

这天晚上，我又与老路两口子走碰头了。

我把心中的疑惑说了出来。我问老路：“你们那个小区环境多好啊！干吗舍近求远，到我们那个闹哄哄的地方去呢？”

没想到老路却说："我正想问你呢，你们放着家门口那么热闹的地方不享受，非要到我们那空荡荡、冷清清的地方，不寂寞吗？"

人就是这么不同，有的喜欢热闹，有的喜欢清静。无论喜欢什么，都是你的生活，你的人生。

上坡和下坡

20 世纪 70 年代以前，独轮小推车是庄稼人的主要运输工具，向地里运肥，向场院里运收获的庄稼，像战争年代支前一样，小推车可谓立下了汗马功劳。

推小推车的大都是身强力壮的小伙子，七八个人就是一个车队。在平坦的道路上，他们推着几百斤重的东西你追我赶，说说笑笑，像玩似的，根本看不出使多大劲。可是，上坡和下坡的时候就不同了。

上坡的时候，他们身体前倾，双手紧握车把，双脚猛力后蹬，绷紧的车襻几乎勒进了双肩的肉里，脸憋得通红，一步一步地向上推进，真要使出吃奶的劲才行，不敢有丝毫懈怠，否则，不但推不上去，而且可能倒退回来。

下坡的时候，不要以为就不用力了，只不过要用反向的力，身体后坠，双手要使劲拽住车把，让小推车匀速前进。否则，小推车会顺着斜坡越来越快，很难掌控。如果掌控不住，很可能会造成人仰车翻的后果。

所以说，推小推车的人都知道一个诀窍：上坡推，下坡坠。

人生的路上，会遇到无数上坡和下坡。上坡，不可松劲，否则会前功尽弃；下坡，也要用劲，不然，就无法掌控住自己。

上坡也是下坡

我上班的地方距离厂部大约300米远，是一溜儿的上坡路。坡度虽然不是很大，但很长，骑自行车必须不停顿地蹬车，一下也不敢怠慢，否则就会停滞不前。上下班、到食堂吃饭、到厂里开会办事，我每天都要在这条路上来回好几趟。

一天，老家来了一个乡亲，早晨，与我一起乘坐班车到我们单位办事。我们从厂部下了班车，一起向我们单位走。

他较胖，走着走着就落到了我后面，我不得不放慢脚步，依着他的节奏和步伐。他说："这坡挺长啊！"我说："是啊！感觉累吗？"他不好意思地说："不是累，有点儿费劲。"

他擦了把汗，接着说:"这条路你走了10年吧？"我回答:"正好10年。"他说："哎呀，你爬了10年坡，真不容易。"

我笑了，停住脚步，让他转身回头看。只见，上坡路变成了一溜儿下坡。我对他说："你看，一溜儿下坡，我平时骑自行车，一下都不用蹬就到厂部了。"

停顿了下，我又接着说:"我在这里上了10年坡，也下了10年坡啊！"

世上的路，并不都是上坡，也有下坡，本来的上坡路，一个转身就成了下坡路。人生的路何尝不是如此呢？

10个石榴一树花

办公楼前有棵石榴树，矮矮的，每年都能结一二十个石榴。

一年里，这棵石榴树大多时间是在默默中度过，只有两个季节最吸引人，它跟前才热闹。一个是花季，火一样的花朵缀满枝头，红彤彤的，让人欣喜和振奋；一个是果季，沉甸甸的果实压弯了枝头，同样让人欣喜和振奋。花季，人们来赏花；果季，人们来看或摘石榴；其他季节，除了有心人来侍弄它以外，大多数人都把它忘在了脑后。我也一样，只有花季和果季才来欣赏它。

又快到石榴成熟的季节了。闲暇，我去观赏那些石榴。它们虽然有大有小，但是有着相同的色泽和品质。那颜色黄里透红，像小姑娘的脸上擦了胭脂；那外表光泽闪亮，像是涂了一层油彩。我数了一下，今年正好结了 10 个。其中一个微微裂开，露出了水灵灵的籽粒，真让人垂涎欲滴。

花季时，我曾经来欣赏过无数次，一树石榴花令人眼花缭乱，数也数不过来，足有百朵甚至数百朵。

有个问题出现在我的脑海：曾经花满枝头，怎么只有 10 朵结了果？其他那些花呢？明摆着，早就凋谢了，有些还能从树根下找到痕迹，许多已经被风吹得不知去向。

开花无数，结果寥寥，这又是何苦呢？那些不见踪影的花岂不枉来世间一趟？

不是的，它们没有白来，没有它们，也就没有这10个饱满的石榴。因为，没有它们的花粉，这10朵花也结不了果实。只是它们的使命完成了，悄悄地走了。人们看不见甚至不知道它们的巨大功劳，它们无怨无悔，今年悄悄地走，明年依然会轰轰烈烈地来。因为它们知道自己的作用，知道自己的使命。

大自然开出的每一朵花都是有用的。即使没有结果，也给结果的花传授过花粉；即使没有传授过花粉，也被蜜蜂采过并酿成了蜜；即使什么作用也没起，至少还被人欣赏过。

提前 5 分钟

我们上班的班车每天早晨 7 点 15 分发车，来到班上接近 8 点，有时会超过 8 点，赶不上早调度会。人家正开着会，我们匆匆进去，打扰了会场秩序。虽然是班车的原因，可我们还是感觉很不好意思。

有人建议：班车早发 5 分钟，改为 7 点 10 分。此建议大家一致认可，并立即实施。

从此，我们的班车每天 7 点 45 分左右即可到厂，换工作服，了解生产动态，准备开早调度会，等等。时间非常充裕。

发车时间只提前了 5 分钟，可到达班上的时间却提前了 15 分钟，原因是避开了上班车流的高峰期，减少了路上堵车因素，从而缩短了路上的时间。虽然路程没有变化，结果用时却大不相同。

如果一如既往地随大流，当然没什么错误，照样能够到达。但是，到达的过程和结果却是不一样的。前者耗时、误事，后者省时、轻松。

往往，一点小小的改变，就能达到事半功倍的效果。

危急测试

有一个测试值得玩味。

组织者先让4个被测试者在一个长条桌边坐好，然后分发试卷，要求在10分钟之内交卷。接到试卷后，4人开始答题。

其实，4人中只有1人是真正的被测试者。因为事先组织者已经告知其中的3人，答卷过程中无论出现什么意外情况，都不要理会，只管安心伏案答题。另外1人则没被告知。

答题开始几分钟后，组织者开始偷偷地用烟雾机制造事端。只见，4人身后突然冒起了烟雾，而且蔓延到了这4人的周围和上空。事先被告知的3人像没有发现一样，丝毫没受影响，一直在埋头答卷。而没被告知、蒙在鼓里的那人则停下笔，四处张望，显得有些异常。

他看了看其他3人没有反应之后，又开始答卷。

少顷，烟雾渐渐增大，他又不安地环顾左右。见其他3人仍然在不慌不忙地答卷，他虽然心里打鼓，却也不甘人后，生怕自己少见多怪失了面子，遂又接着答卷，而且像其他3人一样，再也不管不问。

这个测试说明，平时，即便是危急时刻，个人的行为很容易受到大多数人的影响而与大多数人趋同，这就是从众心理。可见，具有独立思维，不受左右影响是多么难能可贵。

一面墙的杰作

游览山东省栖霞市的牟氏庄园，让我见识了这座中国规模最大、最具北方特色的地主庄园，领略了其独具特色的建筑风格。尤其是那一面面独具匠心而且不重样的墙，竟让我流连忘返，感慨万端。

不说别的，就说那面“斗谷墙”吧，简直就是杰作。这是一面石料砌成的墙，每块石头都被打磨得方方正正、平平整整。砌在一起后，石缝细如丝线，直若弓弦。石缝之间不用灰浆等任何黏合剂，完全靠石头与石头相对来达到严丝合缝，可见石头被打磨得多么平整。

为了这面墙，牟家可没少下本钱。墙体总共用了660多块石头，每块石头的加工费是一斗谷，整面墙光谷子就用去33000多斤，所以被称为“斗谷墙”。

大地主家不差钱，这是人所共知的，可是将墙建造得如此完美和精密是怎样做到的呢？一定派出了不少打手和监工监造吧？石匠挨了不少皮鞭吧？我把疑问交给了讲解员，讲解员的答复却出乎我的意料。

讲解员说，主人没派一兵一卒，只是发给石匠200个铜钱，并提出要求：如果你打磨的石块砌起来后，石缝里能垫入铜钱，那就什么也不用说，你自动把铜钱垫上就是，如果垫不上，那铜钱就归你自己。

谁不希望铜钱归自己所有啊！所以，石匠先对每块石头精心打凿，然后磨平，再将两块石头对合起来，倒上水一丝不苟地研磨，直到单体平整如镜、摞起来严丝合缝为止。结果，只垫上了 3 个铜钱，就完成了“斗谷墙”这个杰作，创造了出神入化的效果。不用说，剩余的 197 个铜钱，当然就归石匠所有了。

把任务交给你，把责任讲清楚，把利益让你攥在自己手里，让你自己管好自己，这无疑是一个绝妙的高招。

一字改变冷暖

学生拍了一张照片，总的感觉不错，很满意。他一遍一遍地反复欣赏，突然觉得有地方不对劲。究竟哪里不对劲，自己又说不清楚。他百思不解，就找到老师希望得到指点。

照片的画面很简单，背景是天空和大地，天上万里无云，碧空如洗；地上干干净净，只有两只鸽子。其中，一只是成年鸽，另一只是幼鸽。两只鸽子面对面，嘴里叼着同一个食物，这个食物把两只鸽子连在了一起。

照片题名为：争食。老师看后，很认真地说："拍得不错，用光、构图、背景、寓意都很好，干净利索，简洁明快。只是题名，我感觉与整个画面中湛蓝的天空和洁净的大地不和谐，一个'争'字伤害了画面的寓意，甚至人们的情感。"停了停，老师又说："为什么不把'争食'改为'喂食'呢？"

老师的一句质问点醒了他，他如醍醐灌顶。是啊！不就是这里不对劲吗？本来温馨、温暖、和谐，充满了爱的画面，因题名不当而变得冷酷、无情。老师的一字之改，改得多么恰当啊！任何人看了，心里都会暖洋洋的。

他很崇敬地谢过老师，重新题名为：喂食。

照片还是那幅照片，画面还是那个画面，只是题名的一字之差，就让"冷"变成了"暖"。

人间冷暖，一句话，一个字，就可以改变。

诱人的石榴

办公楼前的石榴树今年大丰收，结的果实比以往任何一年都多。往年，从未等到成熟就被人生生地摘光了，今年长了这么多，我想不至于像往年那样吧？然而，距离成熟还有段时间，就有人陆陆续续地来摘石榴了。

一天的午休时间，我发现两个女工在摘石榴。我对她们说："石榴还没成熟，吃起来会涩口，等熟了以后再摘多好啊！"她们却说："等到熟了还有我们的啊！早就不知道进到谁的肚子里了。"我的话多少起了点作用，两个女工大概感觉不好意思，摘了几个就走了。

由于没人看护，有人光明正大地摘，有人羞羞答答地摘，树上的石榴越来越少。当树上只剩下五六个石榴时，一个职工全部摘了下来，还让我尝尝。我说："还不熟，肯定不好吃。我不吃，你自己吃吧。"他剥开皮后，露出了里面的籽粒。成熟的石榴应该籽粒饱满，红彤彤的。可剥开的石榴籽粒只有一小部分刚刚微红，大多数还是白色的。他吃了几粒，龇牙咧嘴地说："哎呀！又酸又涩。"我说："可惜了，等熟透了再摘才好吃，再等些日子多好啊！"他却说："再不摘，连这样的也吃不上了。"

他说得没错，那么诱人的石榴谁不想吃呢？

利益摆在眼前，谁都想得到。为了不让别人得到，就得抢先下手，结果自己也没捞到好果子吃。